Military Detail Illustration
STURMGESCHÜTZ Ausf.F-G
ミリタリー ディテール イラストレーション
III号突撃砲 F～G型

イラスト製作・図解／遠藤 慧

III号突撃砲F型（43口径7.5cm砲搭載） 第191突撃砲大隊所属車　1942年7月　東部戦線／南部戦区	p.04-07
III号突撃砲F型（43口径7.5cm砲搭載） 第201突撃砲大隊第3中隊所属車　1942年7月　東部戦線／ヴォロネジ	
III号突撃砲F型（43口径7.5cm砲搭載） 第210突撃砲大隊所属車　1942年春　東部戦線／南部戦区	p.08-11
III号突撃砲F型（43口径7.5cm砲搭載） 第210突撃砲大隊所属車　1942年4月　東部戦線／クリミア	
III号突撃砲F型（43口径7.5cm砲搭載） グロスドイチュラント突撃砲大隊107号車　1942年6月　東部戦線／クルスク～ヴォロネジ方面	p.12-15
III号突撃砲F型（43口径7.5cm砲搭載） SS第1突撃砲大隊27号車　1942年夏　フランス／パリ	
III号突撃砲F型（48口径7.5cm砲搭載） 所属部隊不明　1943年春　東部戦線	p.16-19
III号突撃砲F型（48口径7.5cm砲搭載） 所属部隊不明　1943～1944年冬　東部戦線	
III号突撃砲F型（48口径7.5cm砲搭載） 第667突撃砲大隊7号車　1942年夏　東部戦線／ルジェフ付近	p.20-23
III号突撃砲F型（48口径7.5cm砲搭載） ロードス戦車大隊所属車　1943年11月　ギリシャ／ロードス島	
III号突撃砲F/8型 第901教導突撃砲中隊所属車　1943年初頭　東部戦線／ハリコフ	p.24-27
III号突撃砲F/8型 第209突撃砲大隊所属車　1942～1943年冬　東部戦線	
III号突撃砲F/8型 第243突撃砲大隊所属車　1942年末　東部戦線／南部戦区	p.28-31
III号突撃砲F/8型 空軍第14野戦師団戦車駆逐大隊突撃砲中隊所属車　1943年夏　ノルウェー	
III号突撃砲G型 極初期生産車 SS第2突撃砲大隊所属車　1943年夏　東部戦線／ミウス戦区	p.32-35
III号突撃砲G型 極初期生産車 SS第2突撃砲大隊所属車　1943～1944年冬　東部戦線／ミウス戦区	
III号突撃砲G型 初期生産車 第78突撃砲団所属車　1943年夏　東部戦線／クルスク	p.36-39
III号突撃砲G型 初期生産車 フェルトヘルンハレ装甲擲弾兵師団113号車　1943年7月　南フランス	
III号突撃砲G型 初期生産車 第190突撃砲大隊121号車　1943年秋　東部戦線	p.40-43
III号突撃砲G型 中期生産車 第237突撃砲大隊所属車　1943年9月　東部戦線／オルシャ	
III号突撃砲G型 初期生産車 第244突撃砲大隊109号車　1943年秋　東部戦線	p.44-47
III号突撃砲G型 初期生産車 第667突撃砲大隊所属車　1943年10月　東部戦線／スモレンスク	
III号突撃砲G型 初期生産車 所属部隊不明　1943年夏　東部戦線	p.48-51
III号突撃砲G型 中期生産車 第25装甲擲弾兵団第5戦車大隊111号車　1943年10月　東部戦線／スモレンスク	
III号突撃砲G型 初期生産車 第3装甲擲弾兵師団第2戦車連隊第3大隊211号車　1943年11月　イタリア／ローマ	p.52-55
III号突撃砲G型 初期生産車 指揮車型 ロードス戦車大隊100号車　1943年11月　ギリシャ／ロードス島	
III号突撃砲G型 初期生産車 第1スキー猟兵師団所属車　1943～1944年冬　東部戦線	p.56-59
III号突撃砲G型 中期生産車 所属部隊不明　1943～1944年冬　東部戦線	
III号突撃砲G型 中期生産車 SS第16装甲擲弾兵師団所属車　1943年末～1944年初頭　イタリア／ローマ	p.60-63
III号突撃砲G型 中期生産車 所属部隊不明　1944年2月	
III号突撃砲G型 中期生産車 フェルトヘ…　1944年3月	p.64-67
III号突撃砲G型 中期生産車 第315（無線操縦）…　1943年秋　フランス	
III号突撃砲G型 中期生産車 第301（無線操縦）戦車大隊421号車　1944年8月　フランス／ノルマンディー	p.68-71
III号突撃砲G型 中期生産車 所属部隊不明　1944年　イタリア	
III号突撃砲G型 中期生産車 第341突撃砲旅団332号車　1944年夏　フランス／ディナン	p.72-75
III号突撃砲G型 中期生産車 所属部隊不明　1944年夏　ポーランド	
III号突撃砲G型 後期生産車 指揮車型 所属部隊不明　1944年秋　チェコ	p.76-79
III号突撃砲G型 後期生産車 第280突撃砲旅団所属車　1944年9月　オランダ／アルンヘム	
III号突撃砲G型 後期生産車 第150戦車旅団Y戦闘団所属車　1944年12月　ベルギー／マルメディ	p.80-83
III号突撃砲 現地部隊改造車？ 所属部隊不明　1945年4月　東部戦線／フィッシュハウゼン	
III号突撃砲G型 後期生産車 所属部隊不明　1945年春　ドイツ	p.84-87
III号突撃砲G型 後期生産車 所属部隊不明　1944年　エストニア	
III号突撃砲G型 後期生産車 第10装甲擲弾兵師団123号車　1945年5月　チェコ／モラビア	p.88-91
III号突撃砲G型 後期生産車 所属部隊不明　1945年春　ドイツ	

［Ⅲ号突撃砲 長砲身型F～G型］ 開発・生産・塗装

ティーガー、パンター、Ⅳ号戦車、そしてマーダー対戦車自走砲……、第二次大戦ドイツ戦闘車両の活躍はよく知られているが、もっとも多くの連合軍戦車を撃破したのは、Ⅲ号突撃砲である。敵に発見されにくく待ち伏せ攻撃に最適な低いシルエット、前面80mm厚の強固な装甲防御、そしてほとんどの連合軍戦車を一撃で葬り去ることができる長砲身7.5cm砲を搭載したⅢ号突撃砲は、大戦中盤以降、Ⅳ号戦車とともにドイツ陸軍の主力車両となる。また、量産性にも優れ、突撃砲部隊のみならず、戦車部隊、駆逐戦車部隊、装甲擲弾兵部隊、空軍野戦部隊などにも配備され、あらゆる戦場で活躍。自車の損失を遥かに上回る数の敵戦車を撃破し、傑出した戦闘能力を発揮した。

●Ⅲ号突撃砲の開発

1935年、陸軍参謀本部作戦部長エーリッヒ・フォン・マンシュタインからの突撃砲兵用の装甲自走砲の開発要請を受けた陸軍兵器局は、ダイムラーベンツ社に車体の開発を、クルップ社に対し搭載砲の開発を命じた。1936年夏、ダイムラーベンツ社は当時開発を進めていたⅢ号戦車の車台を用い、クルップ社製24口径7.5cm砲を搭載した突撃砲の開発に着手する。

1938年初頭に5両の試作車が完成し、翌1940年1月にはⅢ号突撃砲の最初の量産型A型の生産が始まった。Ⅲ号突撃砲A型は、早速1940年5月のフランス戦に実戦投入される。A型は、先行量産型的な車両でわずか50両で生産が終了し、同年7月からは本格的な量産型としてB型の生産が始まった。さらに1941年3月からは改良型のC型、同年5月からD型、1941年9月からは短砲身型最後の量産型となったE型の生産が行われた。

Ⅲ号突撃砲は、フランス、バルカン半島、北アフリカ、そして東部戦線とあらゆる戦場で活躍する。当初、歩兵の直協支援を主任務としていたが、敵に発見されにくく、なおかつ被弾しにくい低いシルエットと大口径の7.5cm砲は敵戦車に対する待ち伏せ攻撃にも威力を発揮し、独ソ戦以後は徐々に対戦車戦闘車両としても多用されるようになっていく。

●長砲身型の登場

直協支援車両として開発されたⅢ号突撃砲だが、開発当初から長砲身7.5cm砲を搭載するプランが検討されていた。ソ連侵攻直後にドイツ戦車より強力なT-34と遭遇したことによりⅢ号突撃砲の火力強化が本格化し、長砲身7.5cm砲搭載型の開発作業が急ピッチで進められることになった。

1942年3月に待望の43口径長砲身7.5cm砲を搭載したF型が完成する。F型は、E型の車台をベースとしていたが、43口径7.5cm砲StuK40 L/43の搭載に伴い、戦闘室上面の形状変更、さらにベンチレーターの設置、照準器の変更などが行われた。このF型の登場によりⅢ号突撃砲は歩兵直協支援車両から強力な対戦車戦闘用車両へと完全に生まれ変わった。

F型は、1942年6～7月にかけて主砲をより強力な48口径のStuK40 L/48に変更し、さらに装甲も強化される。さらに同年9月からはⅢ号戦車J型（8/ZW:第8生産シリーズ）の車台をベースとし、F型後期生産車に準じた仕様のF/8型が生産された。

●Ⅲ突シリーズ集大成となったG型

F型及びF/8型に続き、1942年12月よりⅢ号突撃砲最後の量産型、G型の生産が始まる。G型と前量産型のF型、F/8型とのもっとも大きな相違点は戦闘室のデザインを一新し、さらに全周視察可能な車長用キューポラを新たに採用したことである。また、防御面、生産面においても大幅に改善されており、より実戦に適した車両となった。

Ⅲ号突撃砲の長砲身型は、大戦中盤以降は、Ⅳ号戦車とともにドイツ陸軍の中核戦力となり、終戦まですべての戦場において活躍する。

●生産及び仕様変更

Ⅲ号突撃砲は、攻撃力に優れていただけではなく、量産性も極めて高く、生産期間が短かったF型は366両、F/8型は250両、一方、長期にわたって生産されたG型に至って

は7799両もの大量生産が行われている。III号突撃砲は、突撃砲部隊のみならず車両不足の戦車部隊や駆逐戦車部隊などにも代用車両として多数配備された。

III号突撃砲も他のドイツ戦闘車両と同様に量産と並行し、性能向上や生産効率化のための改良が絶えず行われた。生産の推移と主な改良及び仕様変更は以下のとおり。

■1942年3月
アルケット社においてF型の生産が始まる。

■1942年4月
車体後面の右側に設置されていた発煙装置を廃止。4～5月頃にフェンダー上の車幅標示ライトとホーンも廃止される。

■1942年6月
6月末から車体前面と戦闘室前面に30mm厚の増加装甲板を溶接留めし、装甲を強化。また、車体前面上部左右のカバー付きヘッドライトを廃止し、ノテックライトを左フェンダー上から車体前面上部の中央に移設した。

■1942年7月
主砲を43口径7.5cm砲から48口径7.5cmに変更する（6月からの説もあり）。

■1942年8月
戦闘室前部左右の上面装甲板の傾斜角度を変更し、防御性を改善した。

■1942年9月
F/8型の生産を開始する。

■1942年10月
量産性向上のため車体前面と戦闘室前面の増加装甲板をボルト留めに変更。また、冬期用幅広履帯ヴィンターケッテの使用が始まる。

■1942年11月
車体前部上面の点検ハッチをヒンジ付きの左右横開き式に変更する。

■1942年12月
G型の生産を開始する。生産開始すぐに戦闘室側面前部左側の操縦手用視察ブロックを廃止し、円錐形の装甲栓が付いた射撃ポートを新設する。

■1943年1月
装填手用ハッチ前にMG用防盾を設置（配備中のF/8型にもレトロフィット）。戦闘室上面の照準器口にスライド式カバーを追加。

■1943年2月
戦闘室側面前部の張り出し部分の形状を変更し防御力を強化。ベンチレーターを戦闘室後面に移設。戦闘室側面前部にスモークディスチャージャーを追加する。MIAG社においても量産を開始。さらにMAN社で造られたIII号戦車M型車台を突撃砲車台へ転用することも決定し、MAN社で造られた車台をアルケット社とMIAG社に送り、両社において戦闘室を搭載、突撃砲として完成させることになった（戦車車台は同年10月まで142両生産）。

■1943年3月
操縦手用視察装甲バイザー上のKFF2双眼式ペリスコープが廃止される。

■1943年4月
車体前面装甲（50mm厚装甲板＋30mm厚増加装甲板）を80mm厚の1枚板に変更（完全に切り替わるのは11月以降）。マズルブレーキは、前後の孔の左右に張り出しを設けた新型を導入。車体側面にシュルツェンの装着を開始する。

■1943年5月
前線部隊の車両（シュルツェン未装備で完成した4月以前の完成車）に対してシュルツェン改修キットを配布する。スモークディスチャージャーの廃止が決定。

■1943年9月
アルケット社において車長用キューポラ（全周旋回式）前部に三角状の跳弾ブロックの設置を開始、1944年2月までに生産全車に標準化された。9月末からMIAG社においてツィンメリットコーティングの塗布を開始。

■1943年10月
アルケット社において鋳造式防盾ザウコプフの導入が始まる。さらに同月末からアルケット社でもツィンメリットコーティングの塗布が開始された。

■1943年11月
車長用キューポラは固定式に変更。全鋼製の上部転輪の導入も開始する。機関室に荷物積載用フレームを標準化。

■1944年1月
マズルブレーキは後部の張り出し部分を円形に変更したものも見られるようになる。

■1944年3月
装填手用ハッチ前のMG34を車内操作式に変更する。それとともに装填手用ハッチを前後開き式から左右開き式に変更する。シュルツェンも新型が採用される。

■1944年4月
戦闘室右側前面の装甲板も50mm厚＋30mm厚から80mm厚の1枚板に変更（完全に切り替わるのは、同年7月以降）。

■1944年5月
MIAG社において戦闘室上面3カ所に2tクレーン取り付け基部ピルツを増設（アルケット社では7月から）。戦闘室上面に近接防御兵器の装備を開始（本格的な導入は同年9月以降）。さらに溶接式防盾の左側に同軸機銃の装備を開始する。また、冬期用の新型幅広履帯オストケッテの導入も始まる。

■1944年6月
車体前部にトラベリングクランプを追加。

■1944年8月
戦闘室後面に機関室点検ハッチを開けた際にハッチを固定するためのワイヤー式フックを設置する。

■1944年9月
ツィンメリットコーティングの塗布を中止。車長用キューポラを再び全周旋回式に変更。鋳造式防盾ザウコプフにも同軸機銃を装備するようになる。

■1944年10月
2tクレーン取り付け基部ピルツを戦闘室四隅と中央の5カ所に増設する。

■1944年11～12月
車体後面下部に大型の牽引器具を増設する。同時期に張り出しが前後ともに円形となったマズルブレーキが導入される。

こうした作業は兵器局からの通達どおりに生産中に厳格に適用されていたわけではなく、旧パーツの在庫や生産ラインの状況に応じて臨機応変に実施されたため、旧仕様のままであったり、新規パーツ未装備など、生産時期は同じでも細部の仕様が異なっている車両は珍しくない。そのため記録写真に写った車両の中には、生産時期を特定するのが難しいものも多い。

●III号突撃砲F～G型の塗装

F型及びF/8型、さらにG型極初期生産車は、大戦前期の基本色RAL7021ドゥンケルグラウの単色塗装、あるいは同色の上にゲルブ系の塗料を加えた迷彩などが施されていた。

1943年2月18日に基本色としてRAL7028ドゥンケルゲルプが新しく制定され、またRAL6003オリーフグリュンとRAL8017ロートブラウンを迷彩に使用することが決定したため、III号突撃砲もそれに準じた塗装が施されるようになる。塗装は、車両の活動地域によって様々でドゥンケルゲルプの単色塗装もあれば、2色迷彩や3色迷彩も見られた。また冬期に降雪地域で活動していた車両は、白色塗料を上塗りし、冬期用の迷彩が施されている。1944年9月頃からは3色迷彩の帯の中に斑点模様を加えた、新しい迷彩"光と影の迷彩"も登場する。

同年12月には基本色がオリーフグリュンに変更され、ドゥンケルゲルプとロートブラウンを迷彩色とすることが決定するが、大戦末期ともなると、塗料不足が深刻な問題となっており、依然としてドゥンケルゲルプを基本色とした車両も多く見られた。また、ロートブラウンの塗料がない場合は、下地として用いるオキサイドレッド色の錆止めプライマーを代用した車両も珍しくなかった。

Ⅲ号突撃砲F～G型 塗装&マーキング

[カラー図はすべて 1/30 スケール]

Sturmgeschütz III Ausf.F [with 7.5cm L/43]
Sturmgeschütz Abteilung 191
July 1942 Eastern Front/Southern Sector

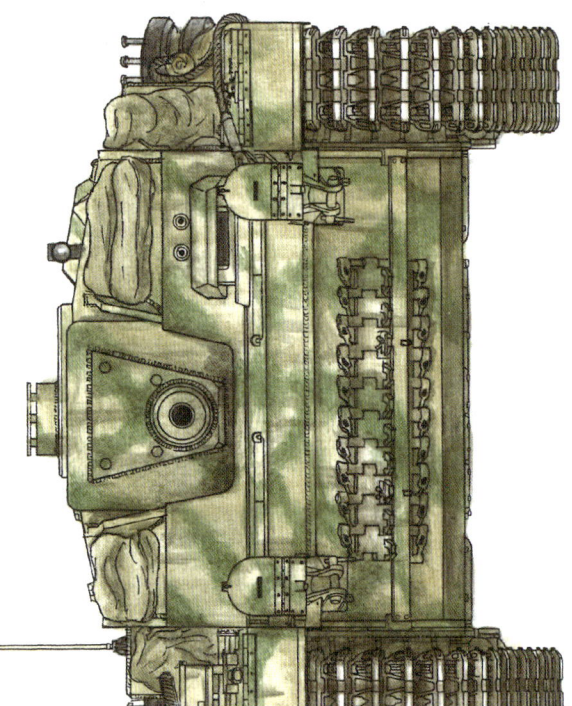

[図1]

Ⅲ号突撃砲F型
(43口径7.5cm砲搭載)

第191突撃砲大隊所属車
1942年7月 東部戦線／南部戦区

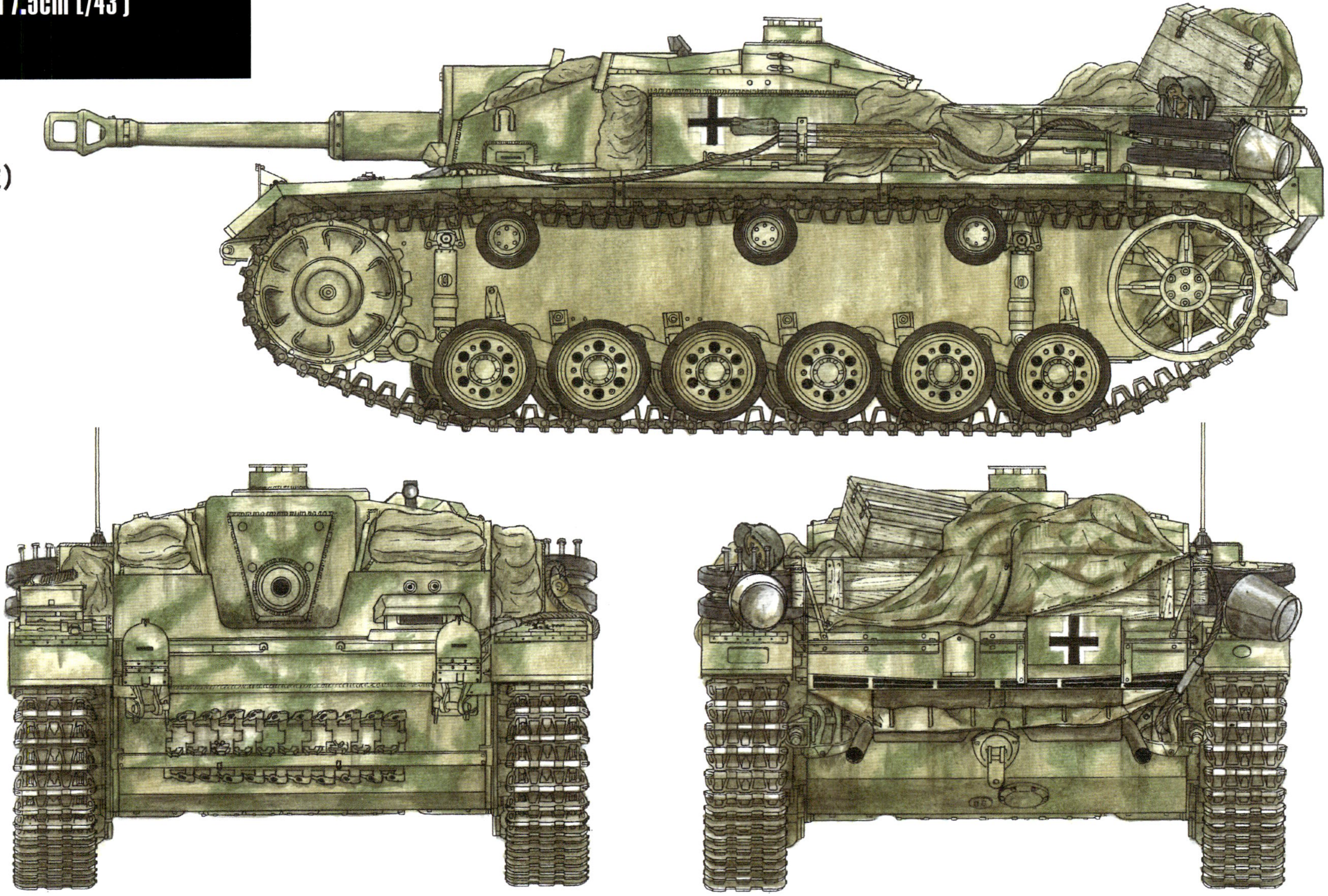

大隊マーク

ブラウ作戦において東部戦線南部戦区に展開した多くのドイツ軍装甲車両と同様に第191突撃砲大隊のⅢ号突撃砲もゲルプ系（ダークイエロー系）の塗料を使った迷彩塗装が施されていた。同大隊の場合は、ゲルプ系塗料を基本色とし、暗色で迷彩を施しているように見える。使用している塗色は確定できないが、時期的にゲルプは北アフリカ／熱帯地向けのRAL8000グルプブラウンの可能性が高い。迷彩色についても不明だが、ここではグリュン系（グリーン系）の塗色としている。第191突撃砲大隊では、大隊マークを右側フェンダー前部と戦闘室側面の張り出し部分に描いていたが、この車両のように描かれていない車両も多かった。

Sturmgeschütz III Ausf.F [with 7.5cm L/43]

3./Sturmgeschütz Abteilung 201
July 1942 Eastern Front/Voronezh

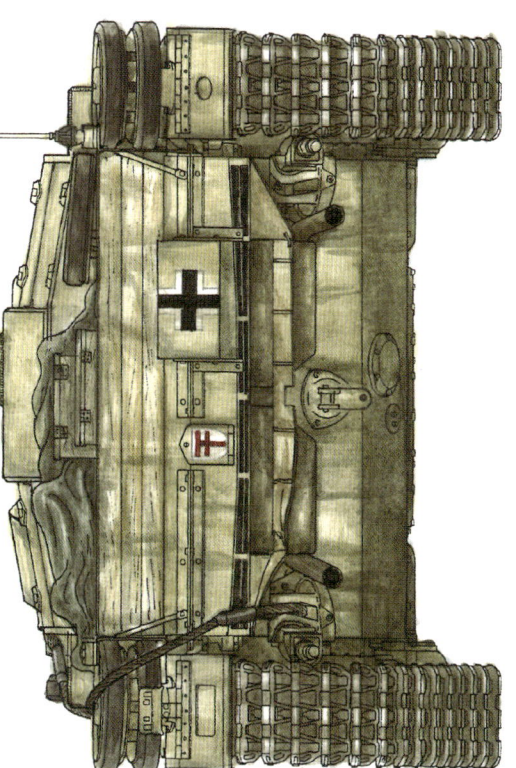

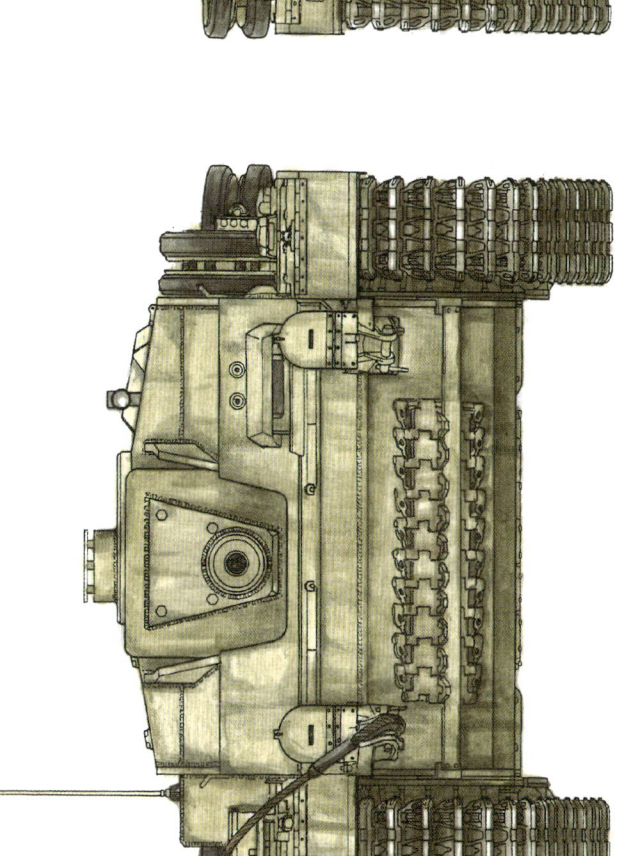

[図2]
Ⅲ号突撃砲F型（43口径7.5cm砲搭載）
第201突撃砲大隊第3中隊所属車
1942年7月 東部戦線／ヴォロネジ

ダルプ系の塗料を基本色としているが、迷彩塗装は施されていないようだ。戦闘室側面の張り出し部分に白様付きの黒色で車両番号が描かれているが、中隊番号が"3"らしいこと以外は番号不明。車体後面に大隊マークを記入。の挿入孔カバーの表面に大隊マークを記入。また、砲身には2～3本のキルマークが描かれている。

[図1]
III号突撃砲F型（43口径7.5cm砲搭載）　第191突撃砲大隊所属車
StuG.III Ausf.F with 7.5cm L/43 StuG.Abt.191

車体各部の特徴

主砲は43口径7.5cm砲で、ダブルバッフル（複孔）式マズルブレーキを装着。車体後面には発煙装置を装備。ノテックライトを左フェンダー上に設置し、車幅ライトとホーンが廃止された1942年4月頃の生産車と思われる。履帯は40cm幅の初期標準タイプ（22ページの履帯図を参照）を装着。

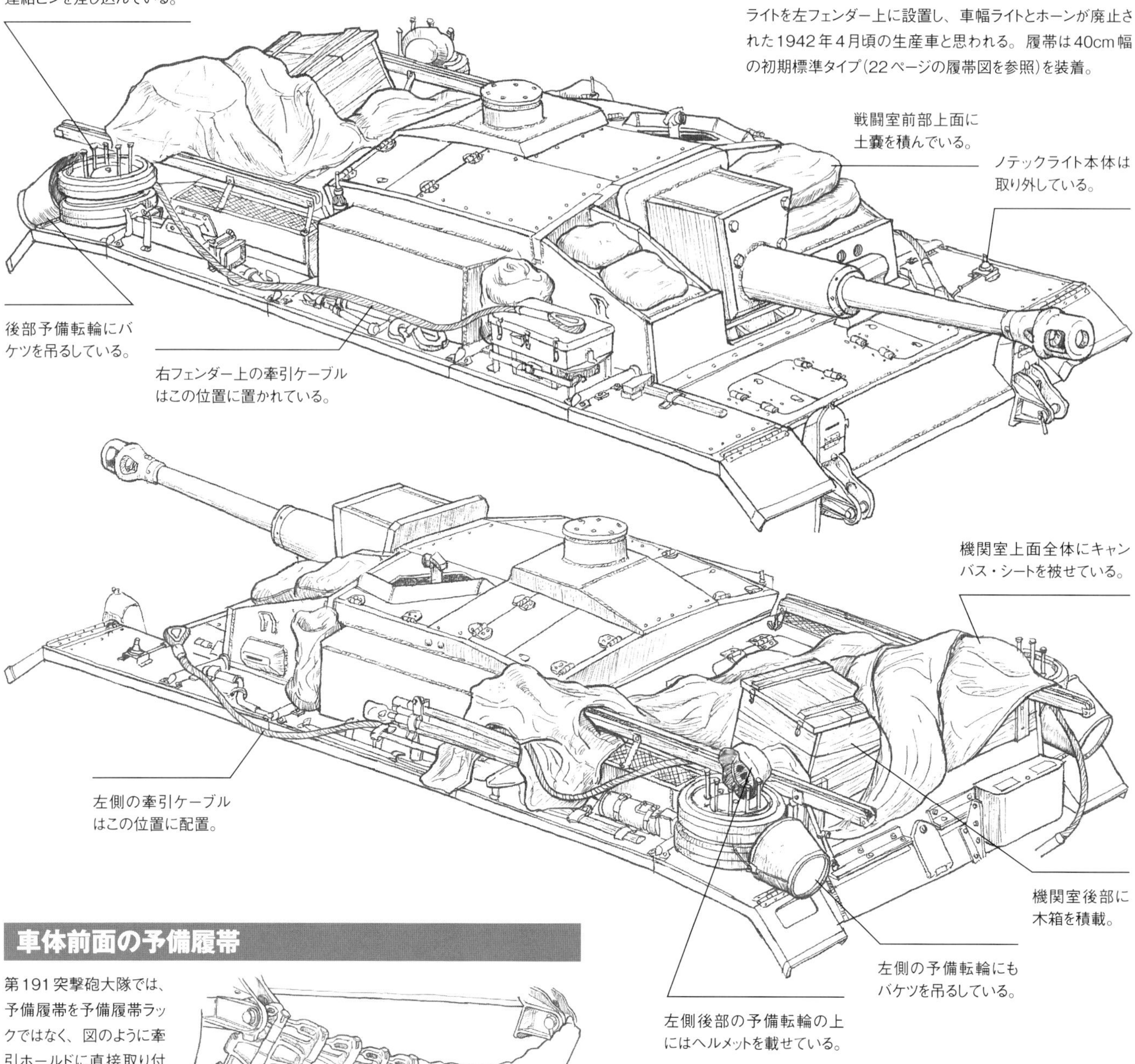

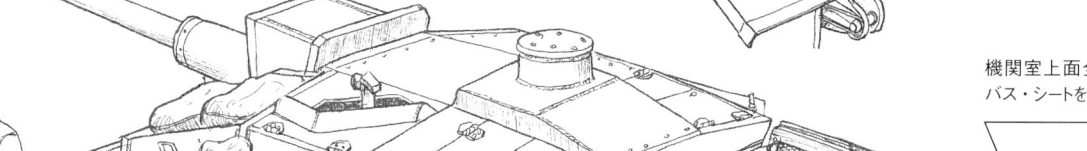

予備転輪の孔に予備の履帯連結ピンを差し込んでいる。

後部予備転輪にバケツを吊るしている。

右フェンダー上の牽引ケーブルはこの位置に置かれている。

戦闘室前部上面に土嚢を積んでいる。

ノテックライト本体は取り外している。

左側の牽引ケーブルはこの位置に配置。

機関室上面全体にキャンバス・シートを被せている。

機関室後部に木箱を積載。

左側の予備転輪にもバケツを吊るしている。

左側後部の予備転輪の上にはヘルメットを載せている。

車体前面の予備履帯

第191突撃砲大隊では、予備履帯を予備履帯ラックではなく、図のように牽引ホールドに直接取り付けている車両も見られる。

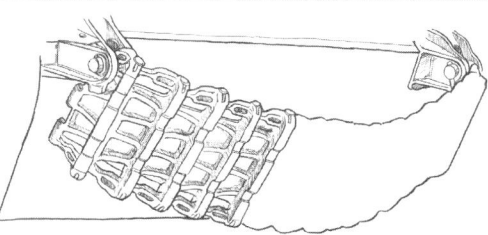

車体後面

排気ディフレクターを装着し、そのトの中央の点検口カバーには牽引具を設置。上部には、機関室に載せた積載物が落ちないように3枚の板を組み合わせた簡易なラックが増設されている。

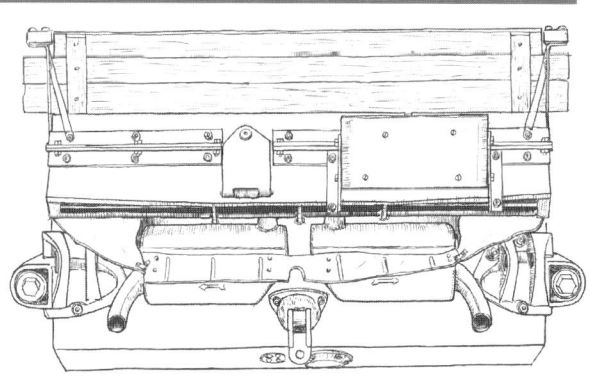

始動用クランク差し込み口

車体後面上部中央にある始動用クランク差込み口のカバーを開けた状態。写真に写った車両は、カバーが開いた状態になっている。

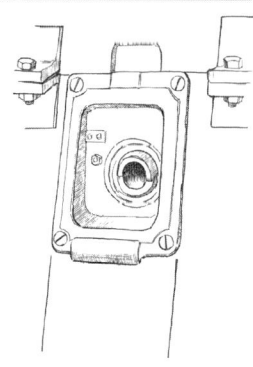

[図2]

III号突撃砲F型(43口径7.5cm砲搭載) 第201突撃砲大隊第3中隊所属車
StuG.III Ausf.F with 7.5cm L/43 3./StuG.Abt.201

機関室後部に木箱を
載せている。

専用ホルダー以外に機関室上
にも予備転輪を載せている。

車体各部の特徴

主砲は、43口径7.5cm砲でダブルバッフル式マズルブレーキを装着。ノテックライトを左フェンダー上に設置し、車幅ライトとホーンを廃止した1942年4月頃の生産車と思われるが、車体後面の発煙装置は装備している。履帯は40cm幅の初期標準タイプを装着。

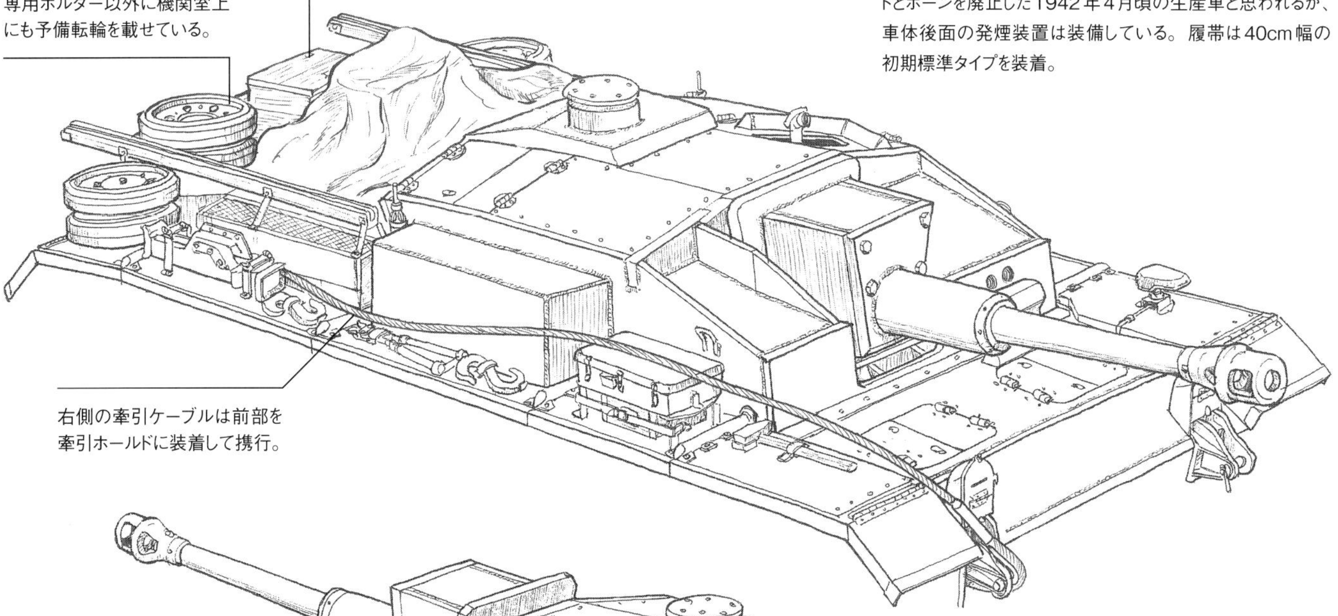

右側の牽引ケーブルは前部を
牽引ホールドに装着して携行。

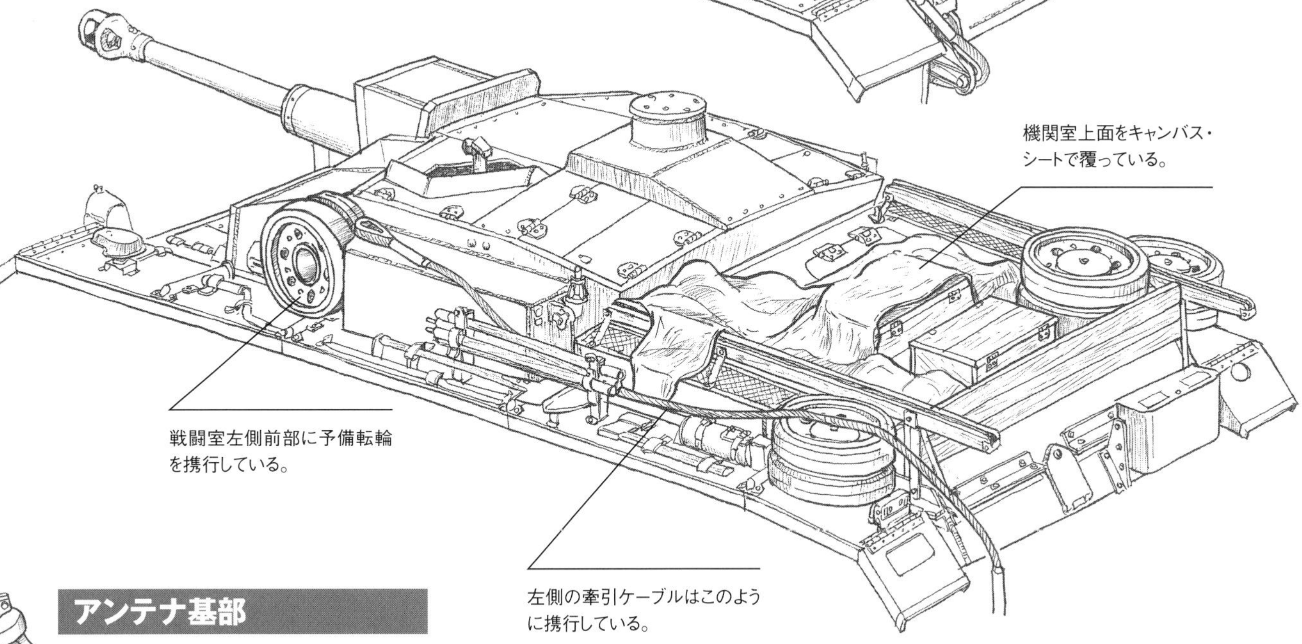

機関室上面をキャンバス・
シートで覆っている。

戦闘室左側前部に予備転輪
を携行している。

左側の牽引ケーブルはこのよう
に携行している。

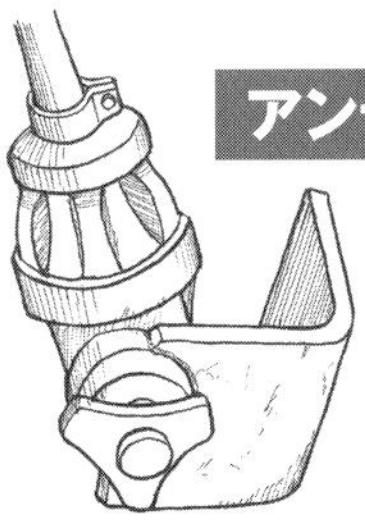

アンテナ基部

F型では、前量産型と同じく戦闘室左右後部に起倒式のアンテナ基部を設置している。

車体前部

F型の生産開始直後の1942年4月頃から、フェンダー上の車幅ライトとホーンが廃止された。

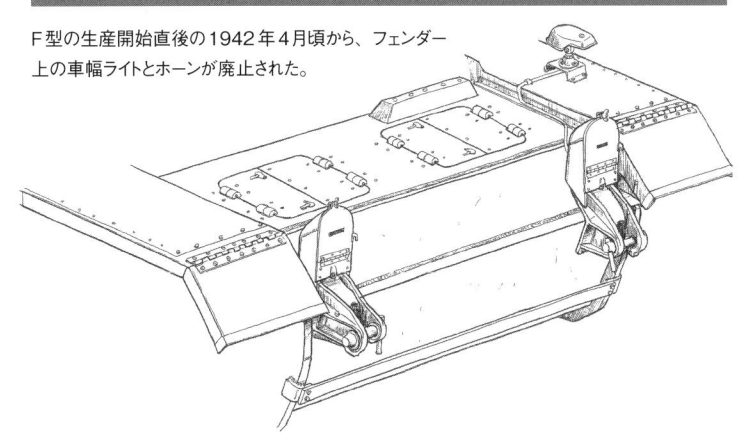

車体後面

[図1]と同仕様だが、上部の荷物ラックは1枚の木板で作られている。

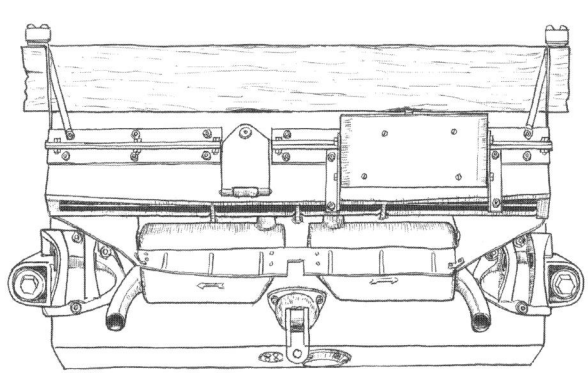

Sturmgeschütz III Ausf.F [with 7.5cm l/43]
Sturmgeschütz Abteilung 210
Spring of 1942 Eastern Front/Southern Sector

[図3]

III号突撃砲F型（43口径7.5cm砲搭載）

第210突撃砲大隊所属車
1942年春 東部戦線／南部戦区

RAL7021ドゥンケルグラウの基本色の上からグルツブ系の塗料を用いて迷彩塗装を施しているると思われる。第210突撃砲大隊はアルファベットの砲番号を戦闘室前面右側と側面の張り出し部分に大きく記入、さらに車体後面の始動クランク挿入孔カバーにも小さく描いているのが特徴。さらに正面から見た虎の顔をモチーフにした大隊マークが同じく3ヵ所に描かれている車両が多いが、図の車両は車体前面のみに同大隊マークを描いている。マズルブレーキは黒で塗装。

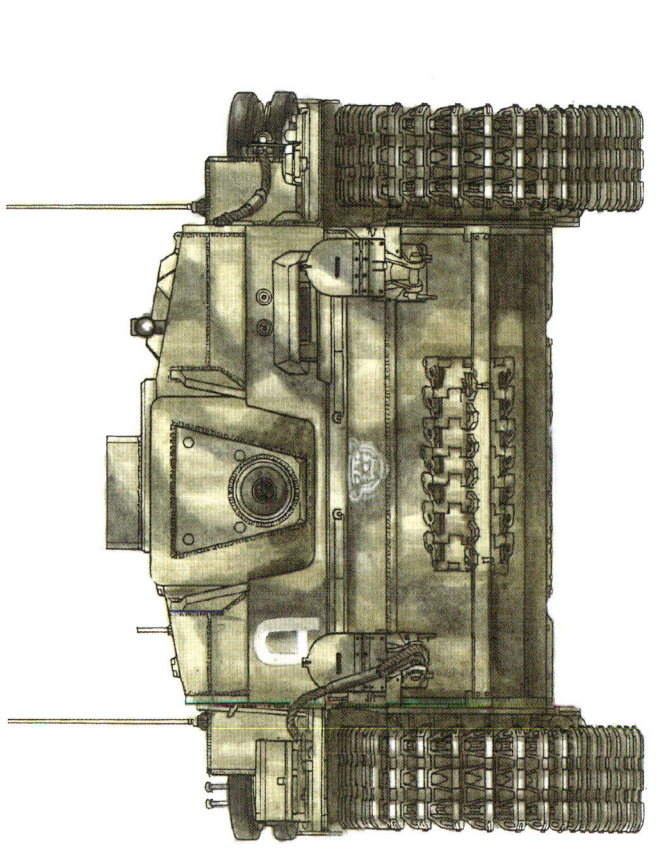

Sturmgeschütz III Ausf.F [with 7.5cm L/43]
Sturmgeschütz Abteilung 210
April 1942 Eastern Front/Crimea

[図4]
Ⅲ号突撃砲F型（43口径7.5cm砲搭載）
第210突撃砲大隊所属車両　1942年4月　東部戦線/クリミア

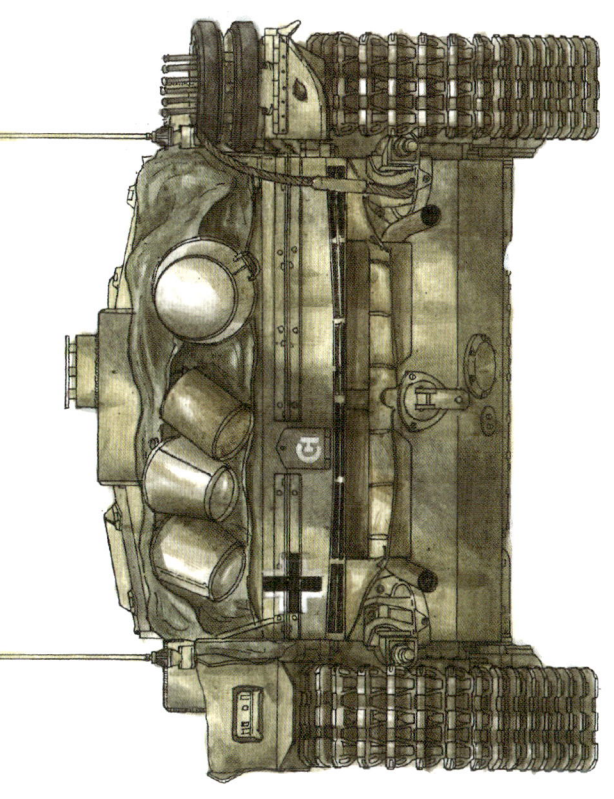

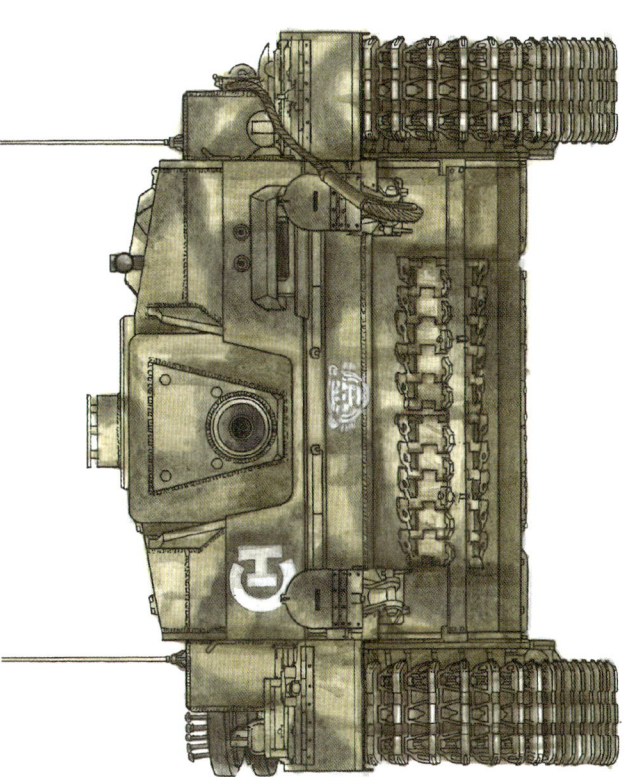

同じく第210突撃砲大隊の所属車両。迷彩塗装も同様にRAL7021ドゥンケルグラウの基本色にグルンブラウンの迷彩塗装が施されているようだ。"C"と"H"を組み合わせた砲番号は中隊長車を示す。戦闘室側面の大隊マークは、図のように張り出し部分の直前に描かれていた。マズルブレーキは黒で塗装されている。

Ⅲ号突撃砲F型（43口径7.5cm砲搭載）　第210突撃砲大隊所属車
StuG.III Ausf.F with 7.5cm L/43　StuG.Abt.210

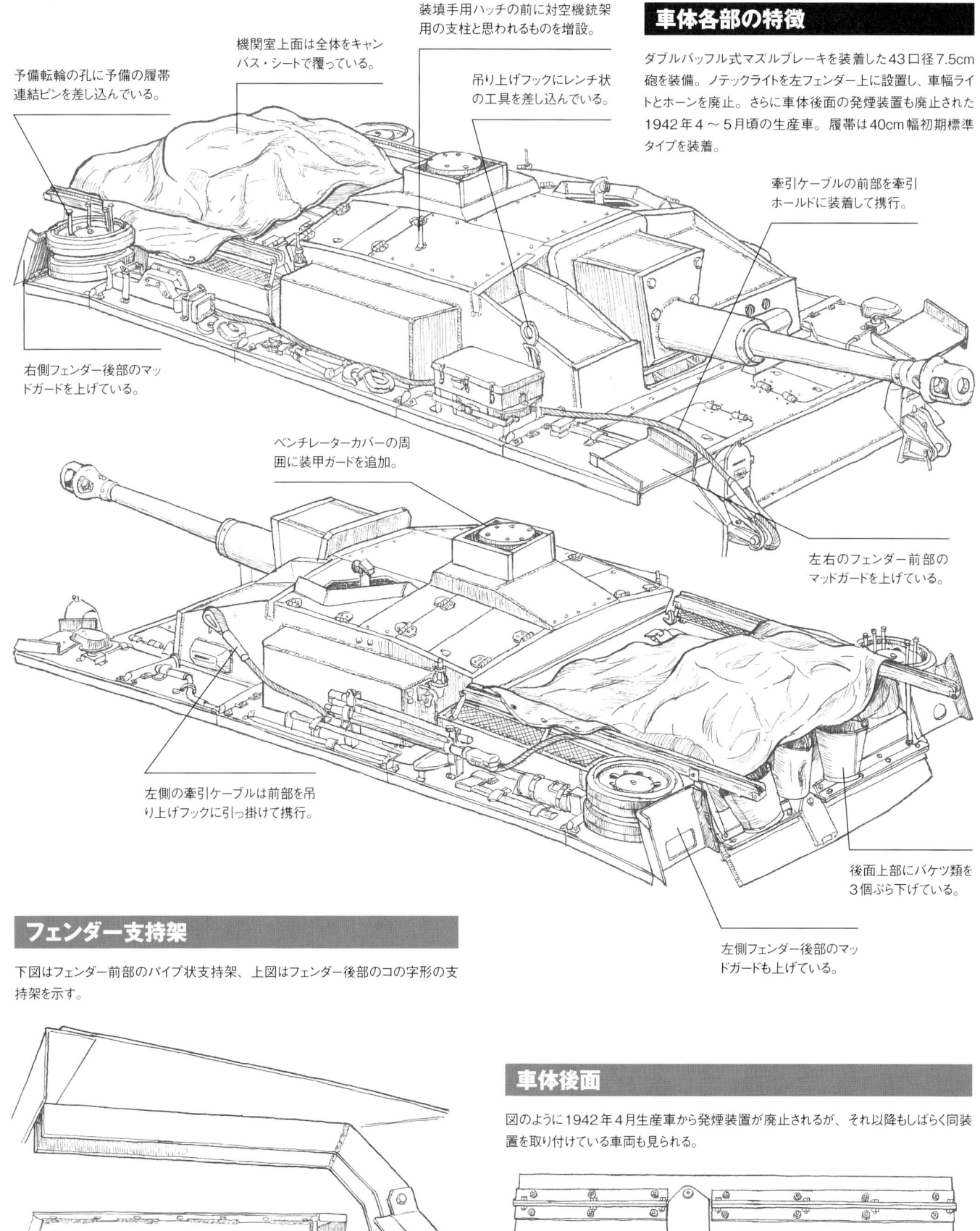

予備転輪の孔に予備の履帯連結ピンを差し込んでいる。

機関室上面は全体をキャンバス・シートで覆っている。

装填手用ハッチの前に対空機銃架用の支柱と思われるものを増設。

吊り上げフックにレンチ状の工具を差し込んでいる。

車体各部の特徴

ダブルバッフル式マズルブレーキを装着した43口径7.5cm砲を装備。ノテックライトを左フェンダー上に設置し、車幅ライトとホーンを廃止。さらに車体後面の発煙装置も廃止された1942年4〜5月頃の生産車。履帯は40cm幅初期標準タイプを装着。

牽引ケーブルの前部を牽引ホールドに装着して携行。

右側フェンダー後部のマッドガードを上げている。

ベンチレーターカバーの周囲に装甲ガードを追加。

左右のフェンダー前部のマッドガードを上げている。

左側の牽引ケーブルは前部を吊り上げフックに引っ掛けて携行。

後面上部にバケツ類を3個ぶら下げている。

左側フェンダー後部のマッドガードも上げている。

フェンダー支持架

下図はフェンダー前部のパイプ状支持架、上図はフェンダー後部のコの字形の支持架を示す。

車体後面

図のように1942年4月生産車から発煙装置が廃止されるが、それ以降もしばらく同装置を取り付けている車両も見られる。

[図4]

Ⅲ号突撃砲F型（43口径7.5cm砲搭載）　第210突撃砲大隊所属車
StuG.III Ausf.F with 7.5cm L/43　StuG.Abt.210

車体各部の特徴

主砲は、ダブルバッフル式マズルブレーキを装着した43口径7.5cm砲。車幅ライトとホーンを廃止し、ノテックライトを左フェンダー上に設置、さらに車体後面の発煙装置も廃止した1942年4～5月頃の生産車。履帯は40cm幅初期標準タイプを装着。

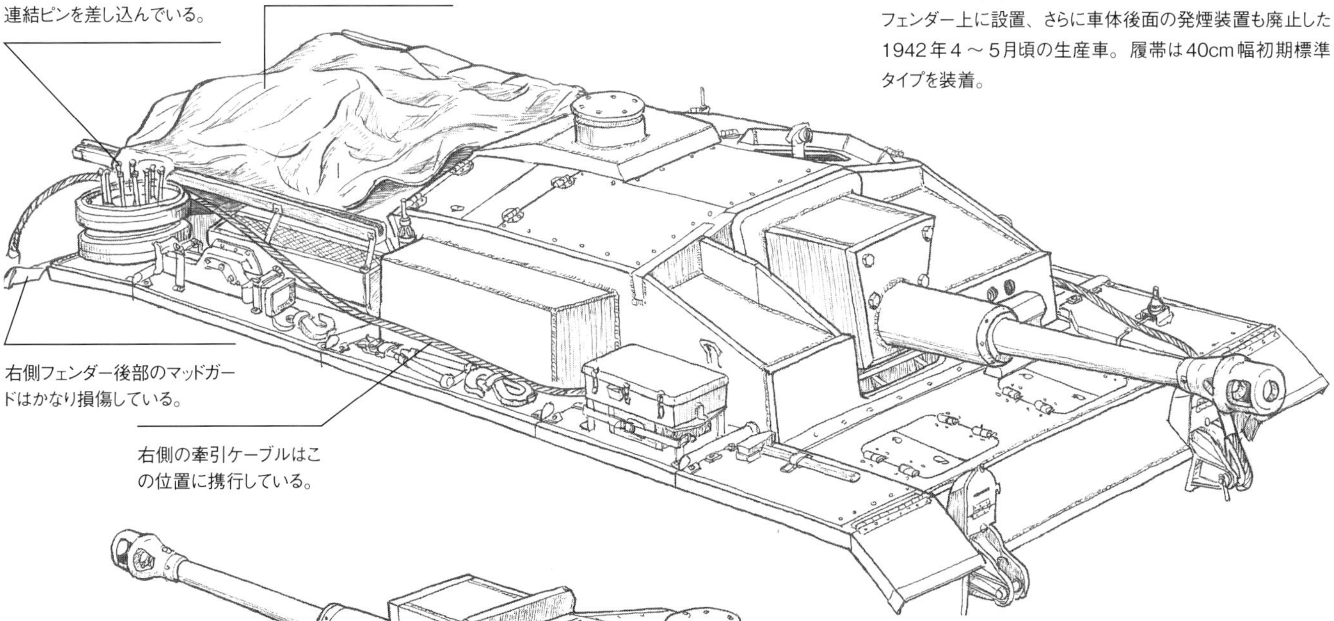

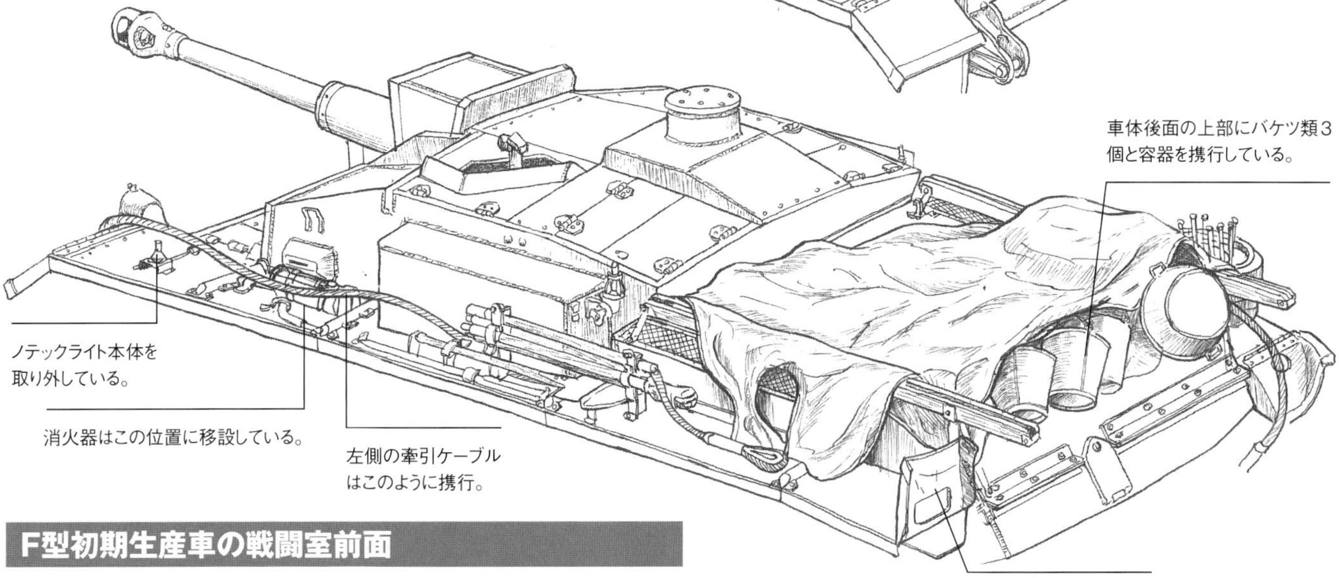

- 予備転輪の孔に予備の履帯連結ピンを差し込んでいる。
- 機関室上面全体をキャンバス・シートで覆っている。
- 右側フェンダー後部のマッドガードはかなり損傷している。
- 右側の牽引ケーブルはこの位置に携行している。
- 車体後面の上部にバケツ類3個と容器を携行している。
- ノテックライト本体を取り外している。
- 消火器はこの位置に移設している。
- 左側の牽引ケーブルはこのように携行。
- 左側フェンダー後部のマッドガードを上げている。

F型初期生産車の戦闘室前面

1942年6月末以前に造られた車両は、前面にまだ増加装甲板を取り付けていない。

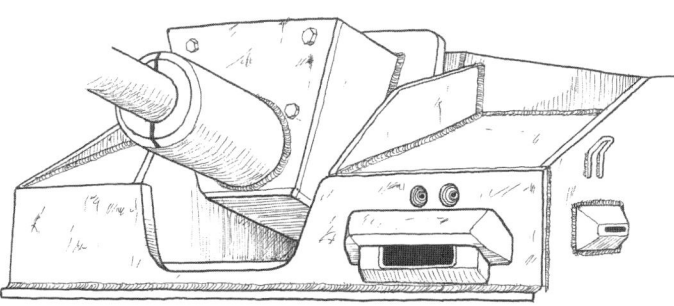

車体前部の牽引ホールド

牽引ケーブルは、車体前面の左右上部の牽引ホールドに固定されていることが多い。牽引ホールドの上にはカバー付きのヘッドライトが設置されているが、1942年6月頃の生産車から同ライトは廃止となる。

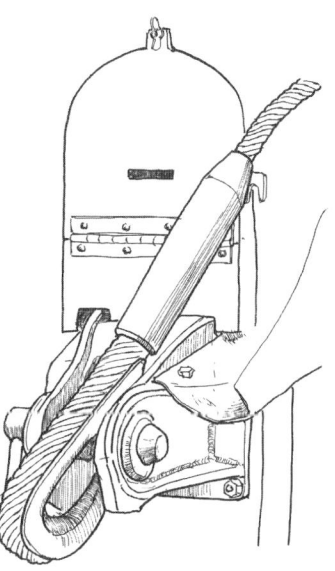

防盾下方の構造

戦闘室前面中央の防盾下側は、図のような装甲ガード板が溶接されている。

Sturmgeschütz III Ausf.F [with 7.5cm L/43]
1./Sturmgeschütz Abteilung Grossdeutschland, No.107
June 1942 Eastern Front/Kursk-Voronezh

[図5]

Ⅲ号突撃砲F型（43口径7.5cm砲搭載）

グロスドイチュラント突撃砲大隊第1中隊の107号車 1942年6月 東部戦線/クルスク～ヴォロネジ方面

グロスドイチュラント突撃砲大隊の107号車もRAL7021ドゥンケルグラウの基本色の上にゲルブ系の塗料を用いた2色迷彩を施していたと思われる。戦闘室側面の張り出し部分や車体後面に描かれた師団マークは、ヘルメットの上部を黒色で縁取りしたタイプ。車体後面の師団マークの右横には、突撃砲部隊の戦術部隊マークが描かれている。また、後部に積んだジェリカンの上端部分が白く塗り分けられているが、白十字と同じく水を入れていることを示すものと思われる。マズルブレーキは黒で塗装。

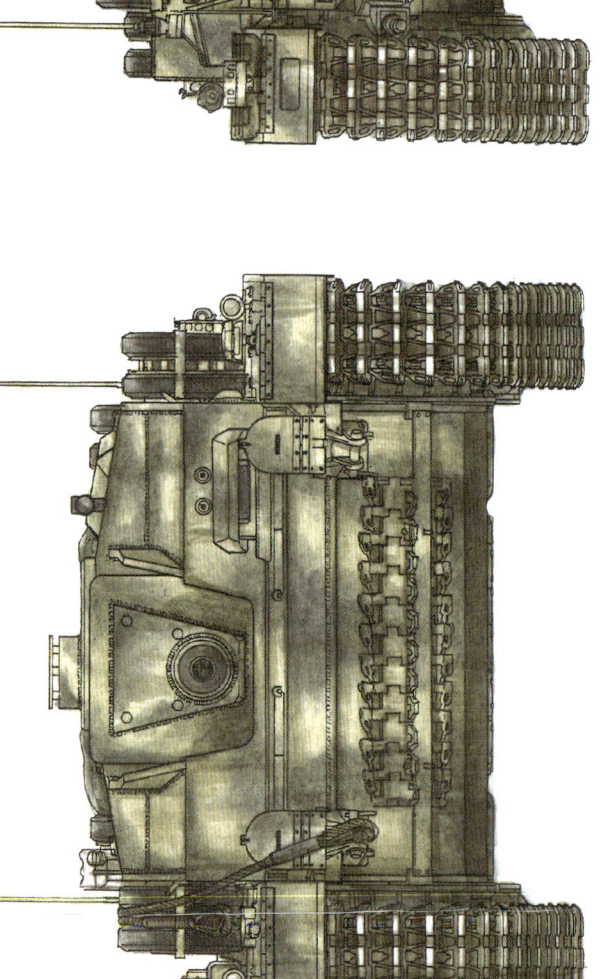

Sturmgeschütz III Ausf.F [with 7.5cm L/43]
SS-Sturmgeschütz Abteilung 1, No.27
Summer of 1942 France/Paris

[図6]

Ⅲ号突撃砲F型
(43口径7.5cm砲搭載)

SS 第1突撃砲大隊27号車
1942年夏 フランス/パリ

基本色 RAL7021 ドゥンケルグラウの単色塗装。戦闘室側面には白縁付きの黒色で砲番号が描かれている。右側フェンダー前部のマッドガードに師団図マークを記入。車体後面の師団図マークは確認できないが、同師団の通例からして車体後面もしくはフェンダー後部のマッドガードにも師団図マークが描かれている可能性が高い。

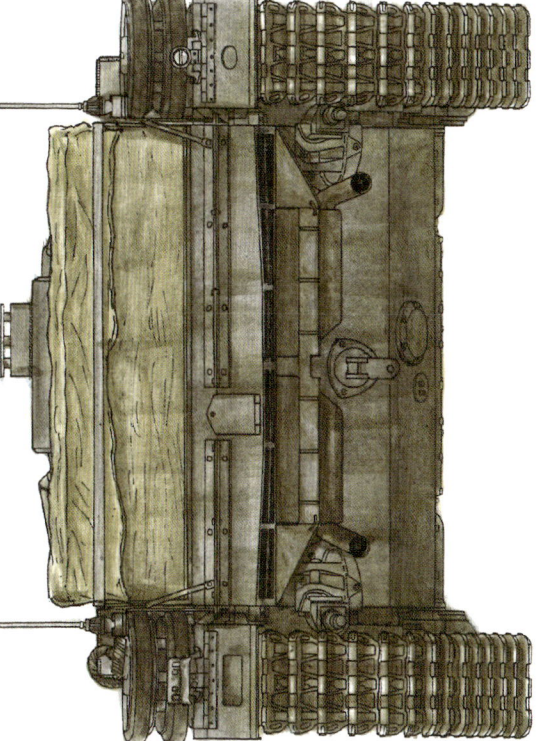
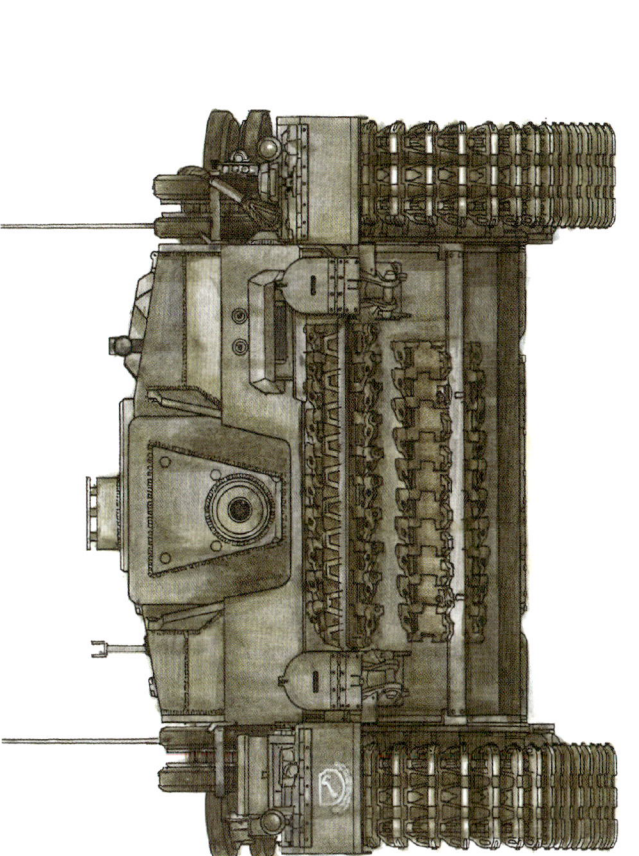

[図5]

Ⅲ号突撃砲F型（43口径7.5cm砲搭載）　グロスドイチュラント突撃砲大隊107号車
StuG.III Ausf.F with 7.5cm L/43　1./StuG.Abt.GD, No.107

車体各部の特徴

ダブルバッフル式マズルブレーキ装着の43口径7.5cm砲を装備した1942年4月頃の生産車。ノテックライトを左側フェンダー上に、また車幅ライトを左右のフェンダー上に設置しているが、ホーンは未装備。車体後面には発煙装置を装備している。履帯は40cm幅の初期標準タイプを装着。

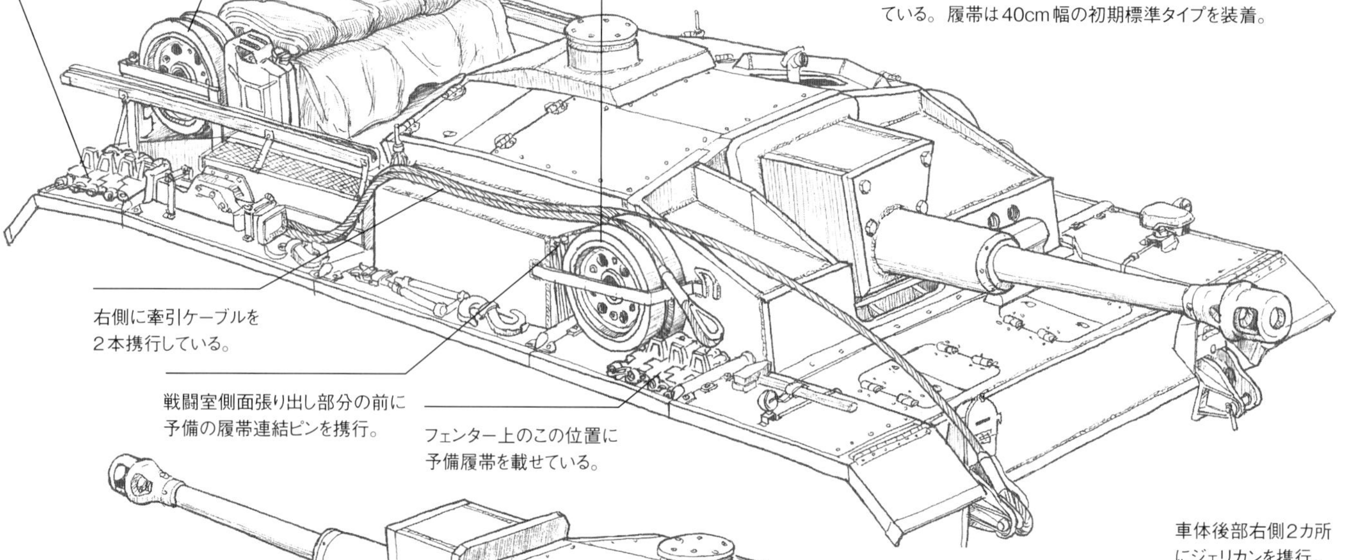

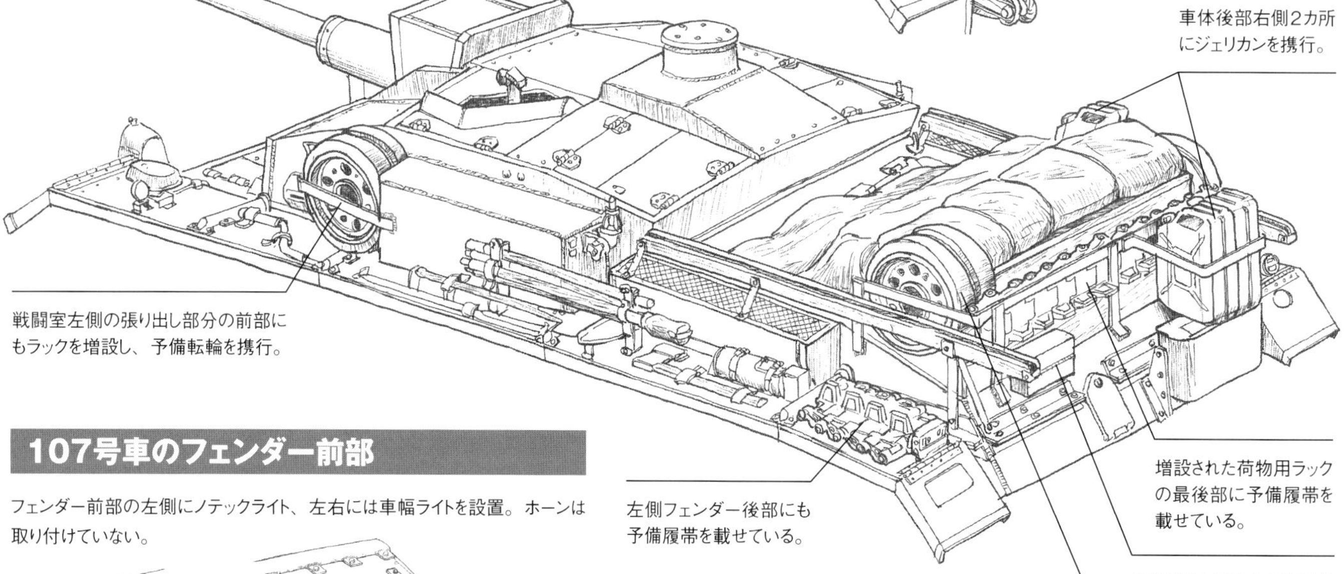

- フェンダーの後部には予備履帯を載せている。
- 機関室後部に予備転輪を携行している。
- ラックを増設し、予備転輪を携行している。
- 機関室上面に大型の木箱を載せ、その上に畳んだシートが置かれている。
- 右側に牽引ケーブルを2本携行している。
- 戦闘室側面張り出し部分の前に予備の履帯連結ピンを携行。
- フェンダー上のこの位置に予備履帯を載せている。
- 戦闘室左側の張り出し部分の前部にもラックを増設し、予備転輪を携行。
- 車体後部右側2カ所にジェリカンを携行。
- 増設された荷物用ラックの最後部に予備履帯を載せている。
- 車体後面上部の左側に金属箱を装着（用途不明）。
- 機関室後部の左側にも予備転輪を載せている。

107号車のフェンダー前部

フェンダー前部の左側にノテックライト、左右には車幅ライトを設置。ホーンは取り付けていない。

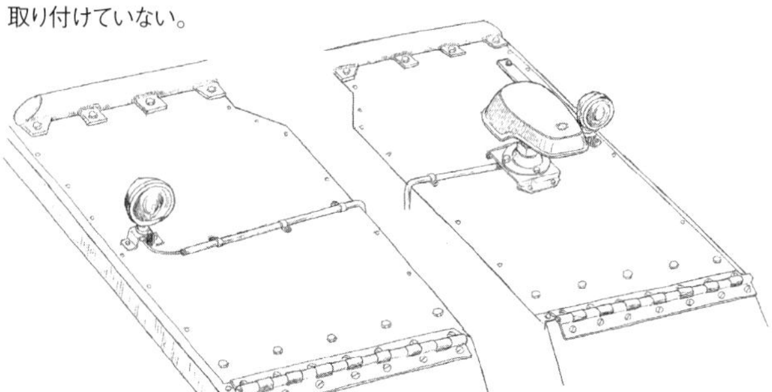

増設した予備転輪ラック

戦闘室側面の張り出し部分の前部に板状ラックを増設して予備転輪を携行。さらに点輪との隙間に予備の履帯連結ピンが置かれている。

107号車の車体後部

機関室の後部に金属板を用いた簡易な造りの荷物積載用のラックを設置している。

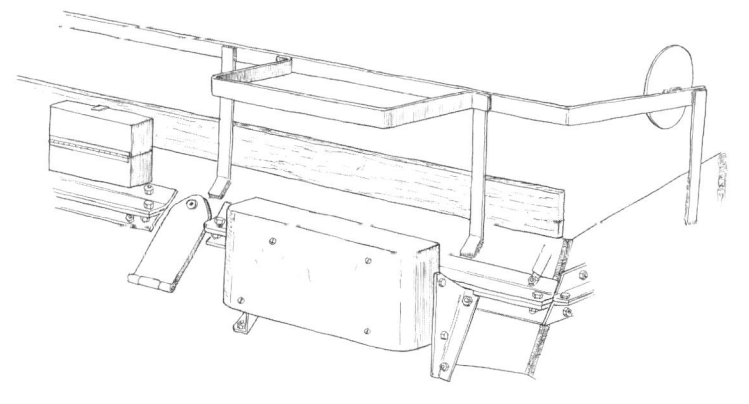

〔図6〕
Ⅲ号突撃砲F型（43口径7.5cm砲搭載）　SS第1突撃砲大隊27号車
StuG.III Ausf.F with 7.5cm L/43 SS-StuG.Abt.1, No.27

機関室後部に木箱を載せている。

予備転輪ラックの増設に伴い、履帯用工具箱をこの位置に移設。工具箱ラックの下にあったジャッキ台はなくなった。

車体各部の特徴

ダブルバッフル式マズルブレーキ装着の43口径7.5cm砲を装備した1942年4月頃の生産車。ノテックライトと車幅ライトをフェンダー上に設置しているが、ホーンと車体後面の発煙装置は取り外されている。履帯は40cm幅の初期標準タイプを装着。

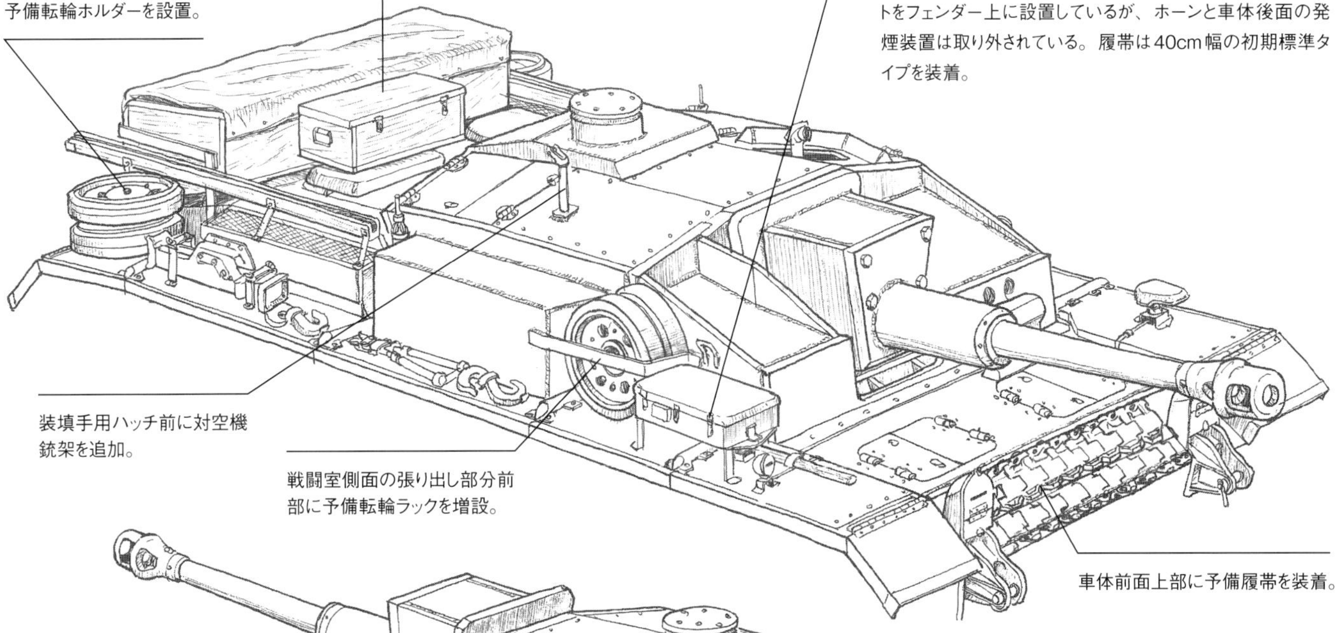

左右のフェンダー最後部に予備転輪ホルダーを設置。

装填手用ハッチ前に対空機銃架を追加。

戦闘室側面の張り出し部分前部に予備転輪ラックを増設。

車体前面上部に予備履帯を装着。

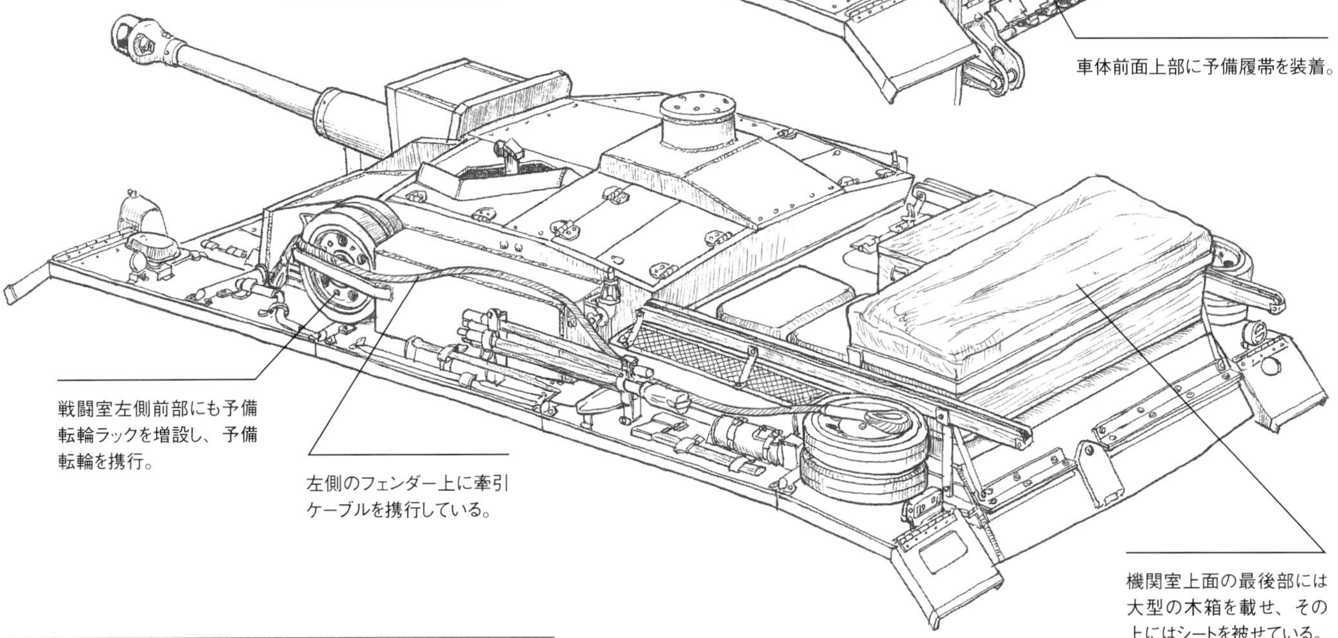

戦闘室左側前部にも予備転輪ラックを増設し、予備転輪を携行。

左側のフェンダー上に牽引ケーブルを携行している。

機関室上面の最後部には大型の木箱を載せ、その上にはシートを被せている。

対空機銃架

戦闘室上面右側の装填手用ハッチの前に対空機銃架が増設されている。金属パイプの上に機銃の固定具を取り付けた簡易な造り。

ヘッドライト

F型の初期生産車まで使用されたヘッドライト。図は前面カバーを開けた状態。開放したカバーは左下の金具で固定する。このヘッドライトは1942年6月から廃止となる。

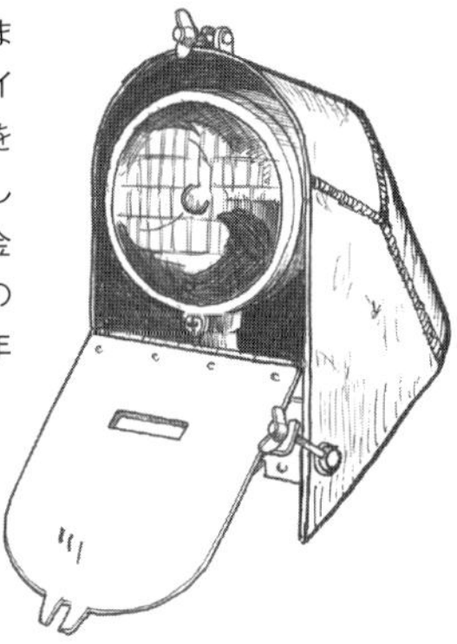

車体前部

車体前面の予備履帯ラックに加え、左右のヘッドライトの間にも金属板で製作した予備履帯ラックを増設している。

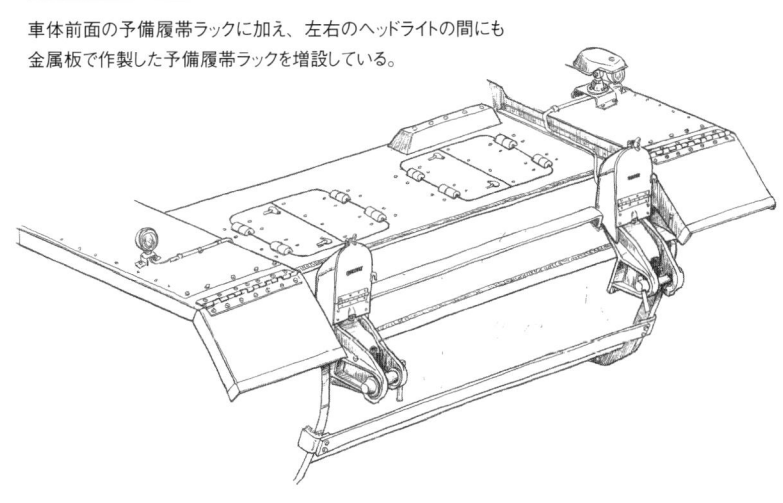

Sturmgeschütz III Ausf.F [with 7.5cm L/48]
Unit Unknown　Spring of 1943　Eastern Front

[図7]

Ⅲ号突撃砲F型（48口径7.5cm砲搭載）

所属部隊不明　1943年春　東部戦線

1943年2月18日付けで新たに制定されたRAL7028ドゥンケルゲルプを基本色とし、その上にRAL6003オリーブグリュンを斑状に細く吹き付けた2色迷彩が施されている。マーキングは車体後面に描かれた国籍標識のバルケンクロイツのみで、砲番号や部隊マークの類いは一切見られない。

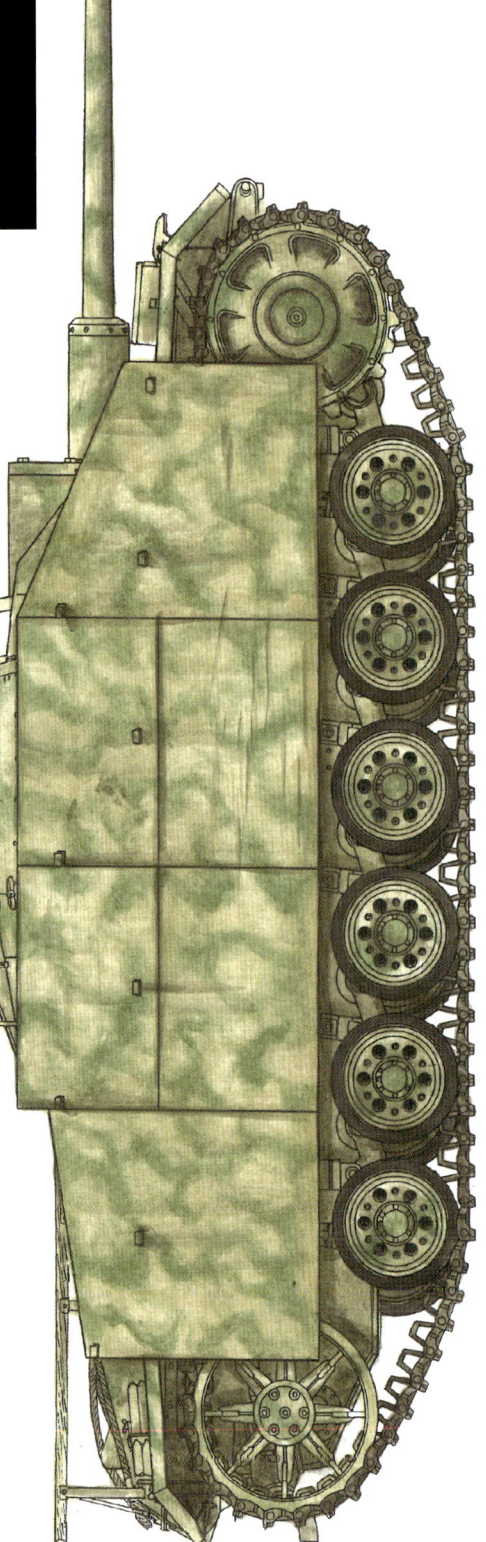

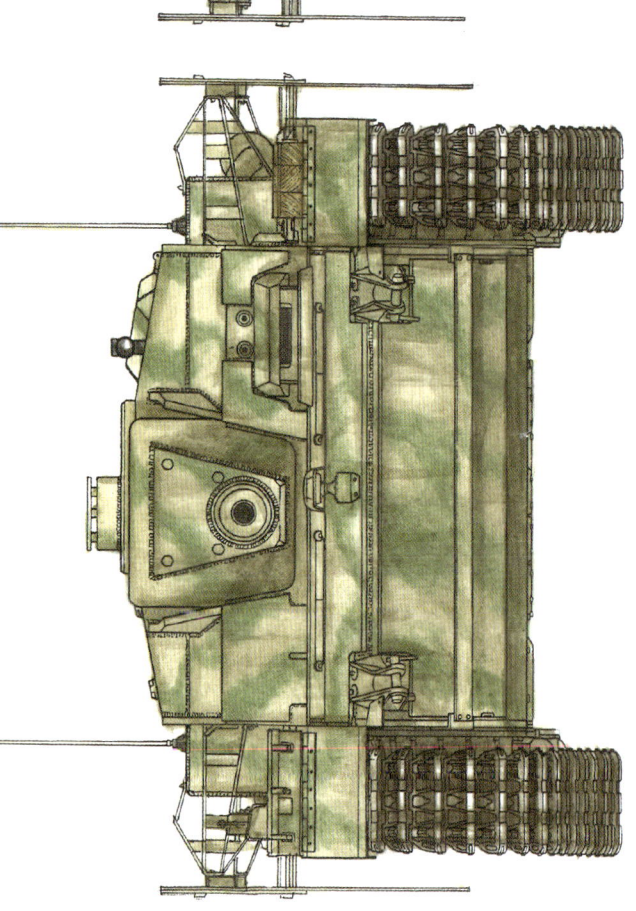

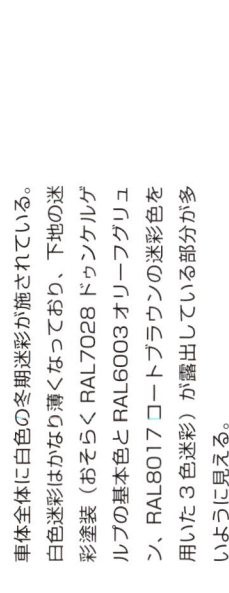
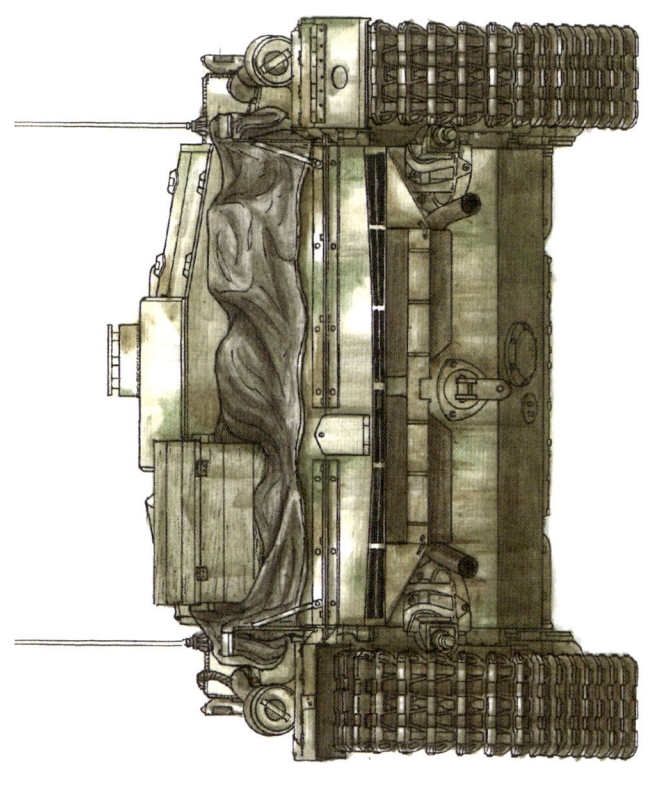
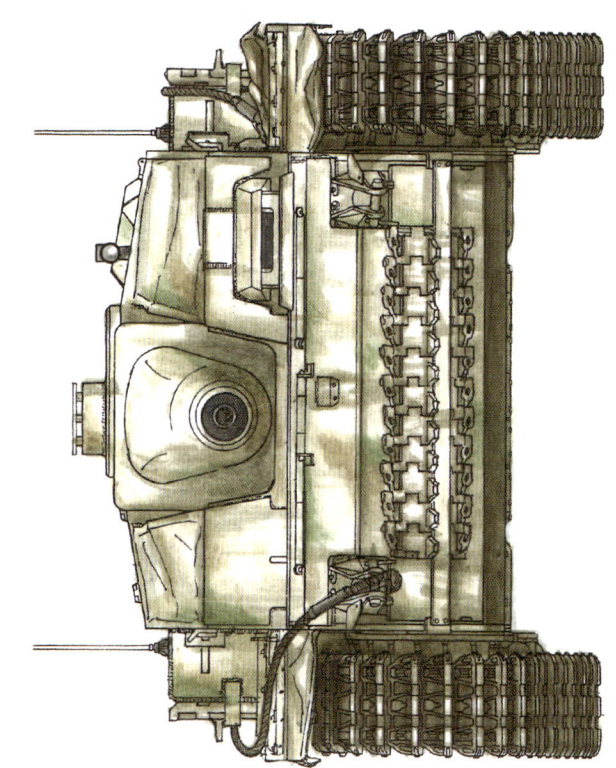

Sturmgeschütz III Ausf.F [with 7.5cm L/48]
Unit Unknown
Winter of 1943-44 Eastern Front

[図8]
Ⅲ号突撃砲F型
(48口径7.5cm砲搭載)

所属部隊不明
1943～1944年冬 東部戦線

車体全体に白色の冬期迷彩が施されている。
白色迷彩はかなり薄くなってきており、下地の迷
彩塗装（おそらく RAL7028 ドゥンケルゲ
ルプの基本色と RAL6003 オリーブグリュ
ン、RAL8017 ロートブラウンの迷彩色を
用いた3色迷彩）が露出している部分が多
いように見える。

[図7]
III号突撃砲F型（48口径7.5cm砲搭載） 所属部隊不明
StuG.III Ausf.F with 7.5cm L/48 Unit Unknown

車体各部の特徴

左右のカバー付きヘッドライトを廃止し、ノテックライトを車体前面中央部に移設。さらに車体前面と戦闘室前面に30mm厚の増加装甲板を装着（溶接留め）し、ダブルバッフル式マズルブレーキ装備の長砲身48口径7.5cm砲を装備した1942年7月頃の生産車。エアクリーナーも装備し、生産後にシュルツェンをレトロフィットしている点も特徴。履帯は40cm幅の初期標準タイプを装着。

エアクリーナーの装着に伴い、ジャッキをこの位置（正規は右側フェンダーの後部）に移設。

生産後にシュルツェンをレトロフィット。中央上部2枚のハーフサイズのシュルツェンは外側に出している。

ジャッキの移設に伴い、履帯用工具箱もこの位置に変更されている。

エアクリーナー装着により、ジャッキ台をこの位置に移設。

牽引ケーブルは機関室上面の後部に携行している。

エアクリーナー

左図はエアクリーナーの前部、右図は後部のディテール。前面の通気ダクトは金網を切り欠いた吸気口の中に引き込まれている。

機関室の左右側面にエアクリーナーを装着している。

シュルツェン架

III号突撃砲では、G型の1943年4月生産車からシュルツェンが導入されるが、翌5月からは既に使用されているF～G型に対してもシュルツェンの装着が始まった。図はF型のシュルツェン架を示す。中央部の支持架は設置位置、形状ともに推定。

機関室上面

左右の吸気口の外側にエアクリーナーを装着した状態を示す。

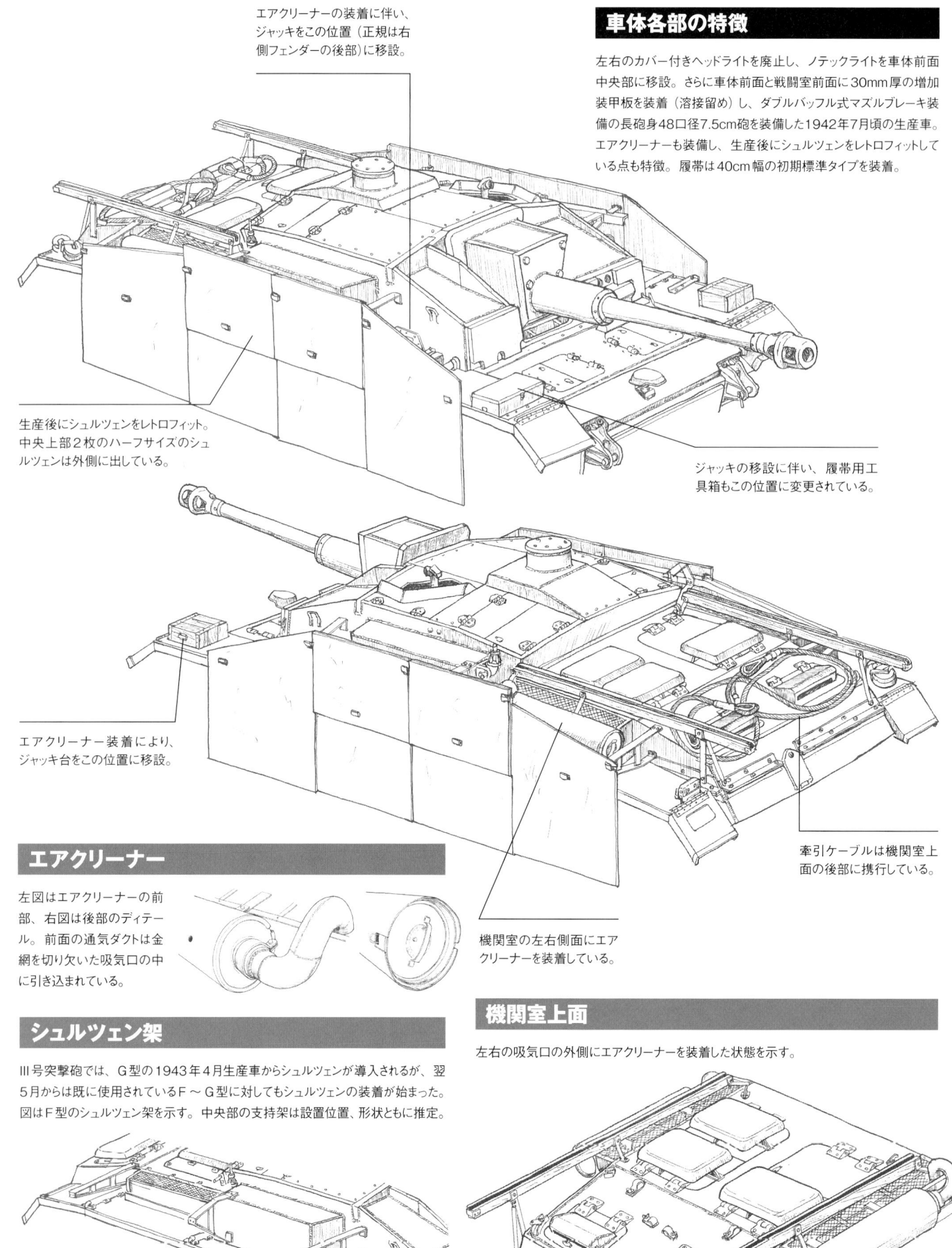

Ⅲ号突撃砲F型（48口径7.5cm砲搭載）　所属部隊不明
StuG.III Ausf.F with 7.5cm L/48　Unit Unknown

車体各部の特徴

ダブルバッフル式マズルブレーキを装着した48口径7.5cm砲を装備し、溶接式の増加装甲板を持つF型後期生産車。機関室側面にはエアクリーナーを装着しており、さらに写真では破損していてはっきりしないが、シュルツェンを装備していた可能性も高い。防盾が鋳造製のザウコプフになっているのが大きな特徴。

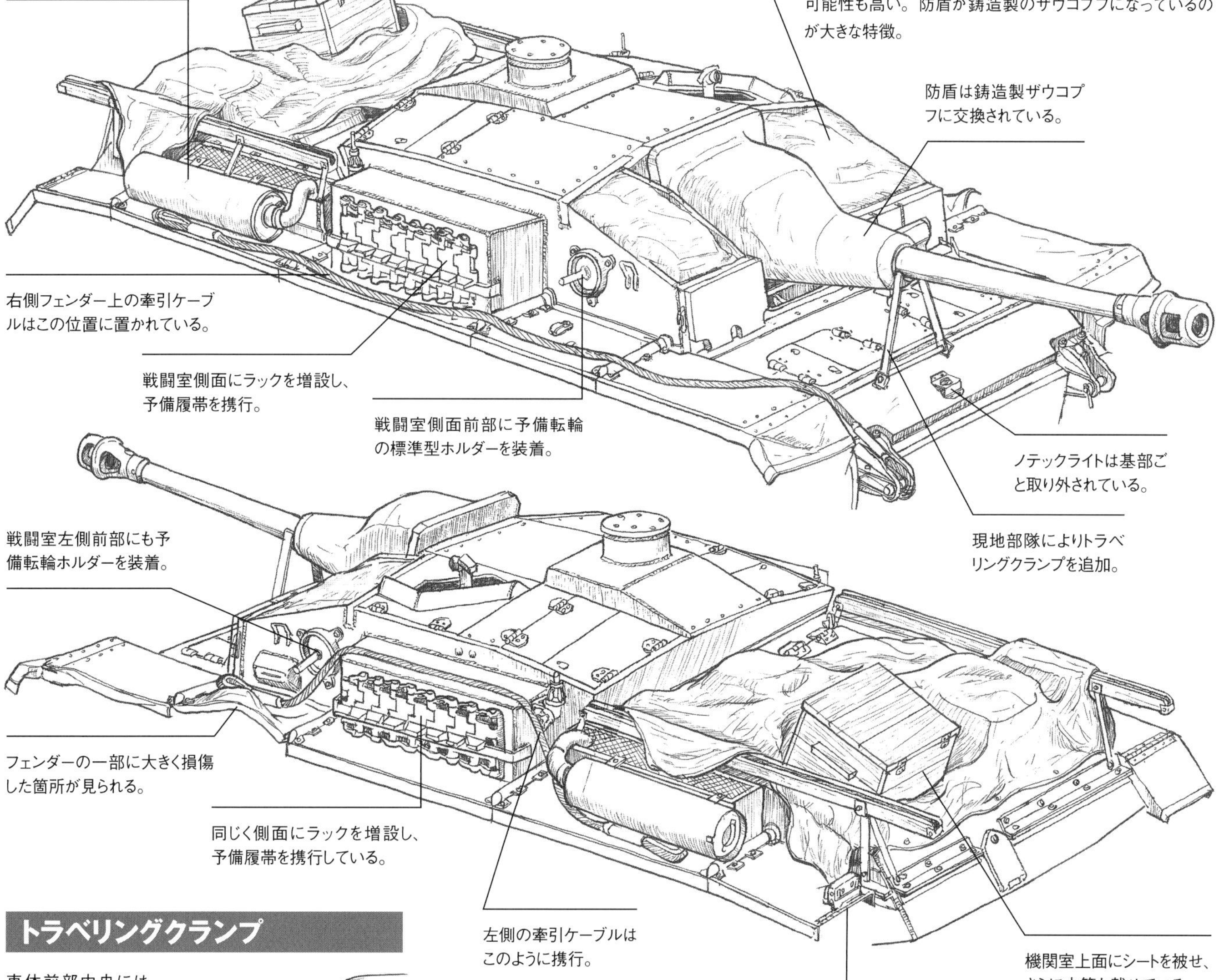

- 機関室の両側にエアクリーナーを装着している。
- 防御性向上のため戦闘室前部上面にコンクリートを盛り付けている。
- 防盾は鋳造製ザウコプフに交換されている。
- 右側フェンダー上の牽引ケーブルはこの位置に置かれている。
- 戦闘室側面にラックを増設し、予備履帯を携行。
- 戦闘室側面前部に予備転輪の標準型ホルダーを装着。
- ノテックライトは基部ごと取り外されている。
- 現地部隊によりトラベリングクランプを追加。
- 戦闘室左側前部にも予備転輪ホルダーを装着。
- フェンダーの一部に大きく損傷した箇所が見られる。
- 同じく側面にラックを増設し、予備履帯を携行している。
- 左側の牽引ケーブルはこのように携行。
- 機関室上面にシートを被せ、さらに木箱も載せている。
- 左側フェンダー後部のマッドガードは欠損。

トラベリングクランプ

車体前部中央には現地部隊が作製した簡易な造りのトラベリングクランプが追加されている。

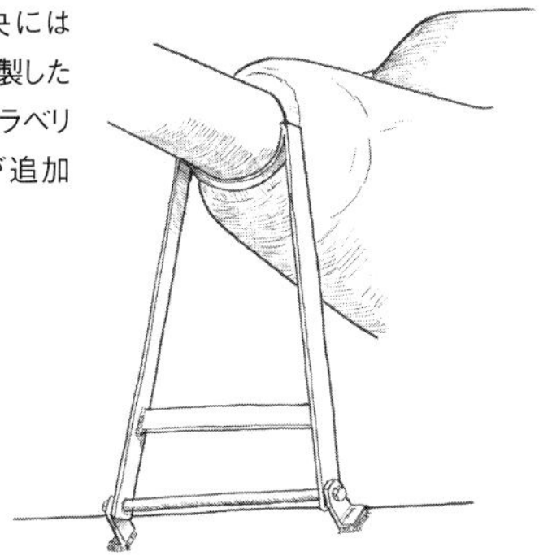

戦闘室前面

戦闘室の前面に30mm厚の増加装甲板を溶接留め。操縦手用視察バイザー上の双眼式ペリスコープの視察孔も装甲板で塞いでいる。

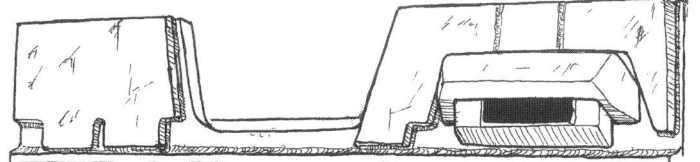

車体下部側面の増加装甲

記録写真を見ると、車体下部の側面には、図のような形状の増加装甲板が取り付けられているように見える。

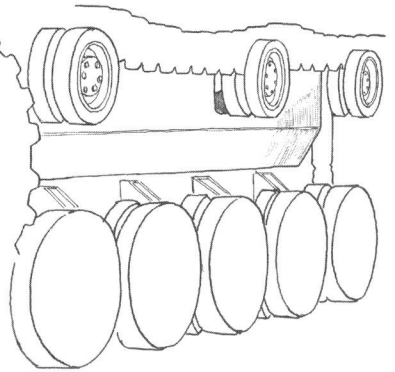

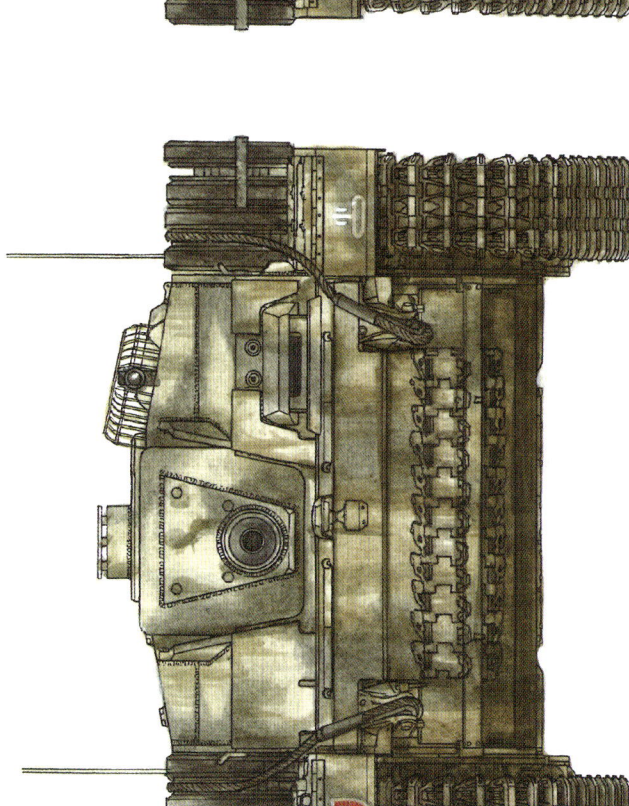

Sturmgeschütz III Ausf.F [with 7.5cm L/48]
Sturmgeschütz Abteilung 667, No.7
Summer of 1942 Eastern Front/Rzhev

[図9]
III号突撃砲F型（48口径7.5cm砲搭載）

第667突撃砲大隊7号車
1942年夏　東部戦線／ルジェフ付近

RAL7021ドゥンケルグラウの基本色の上からダルブグルンの塗料を用いて迷彩塗装が施されているように見える。戦闘室側面の張り出し部分と車体後部に積載された大きな木箱の後面に砲番号の"7"を記入。さらに張り出し部分の番号の後には逆三角形の図形、木箱後面の番号両側には白線が描かれている。国籍標識のバルケンクロイツは、予備転輪の固定具と木箱の後面左側に記入。また、右側フェンダー前部のマッドガードには大隊マーク、左側フェンダー前部には突撃砲部隊の戦術マーク（車体部分の中には部隊番号"667"を記入）が描かれている。

大隊マーク

Sturmgeschütz III Ausf.F [with 7.5cm L/48]
Panzerabteilung Rodos
November 1943 Greece/Rodos

[図10]

Ⅲ号突撃砲F型（48口径7.5cm砲搭載）

ロードス戦車大隊所属車
1943年11月 ギリシャ／ロードス島

写真を見ると、RAL7028ドゥンケルゲルプを基本色としている可能性も考えられるが、基本色と迷彩色との色調の差があまりないことと、ロードス島という地理的な見地から、図では北アフリカ／熱帯地向けの基本塗装であるRAL8020ブラウンとRAL7027グラウの2色迷彩としている。国籍標識のバルケンクロイツは描かれておらず、車体前面上部右側に突撃砲中隊を示す戦術マーク、左側に大隊マーク？が描かれている（マークのバックの配色は推定）。

大隊マーク

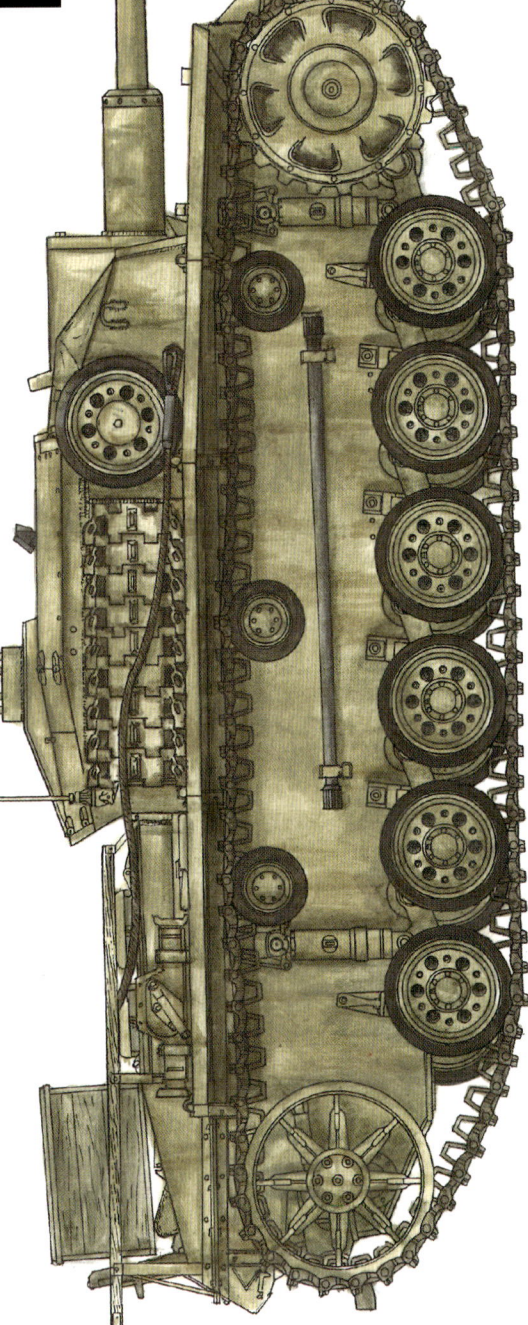

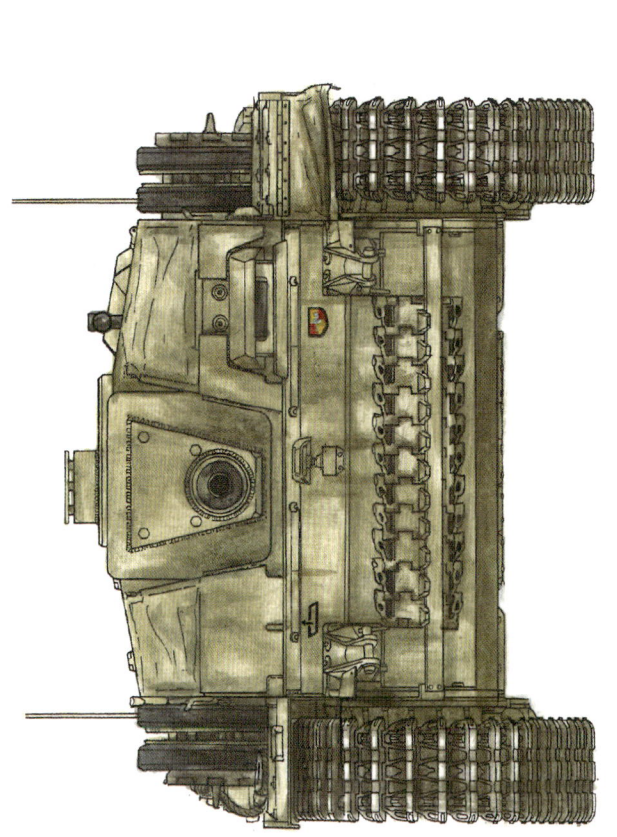

[図9]

III号突撃砲F型（48口径7.5cm砲搭載）第667突撃砲大隊7号車
StuG.III Ausf.F with 7.5cm L/48 StuG.Abt.667, No.7

車体各部の特徴

48口径7.5cm砲を装備し、車体前面と戦闘室前面に30mm厚の増加装甲板を装着した1942年7月頃生産のF型後期生産車。履帯は40cm幅の初期標準タイプを装着。

機関室上面の後部に大型の木箱を載せている。

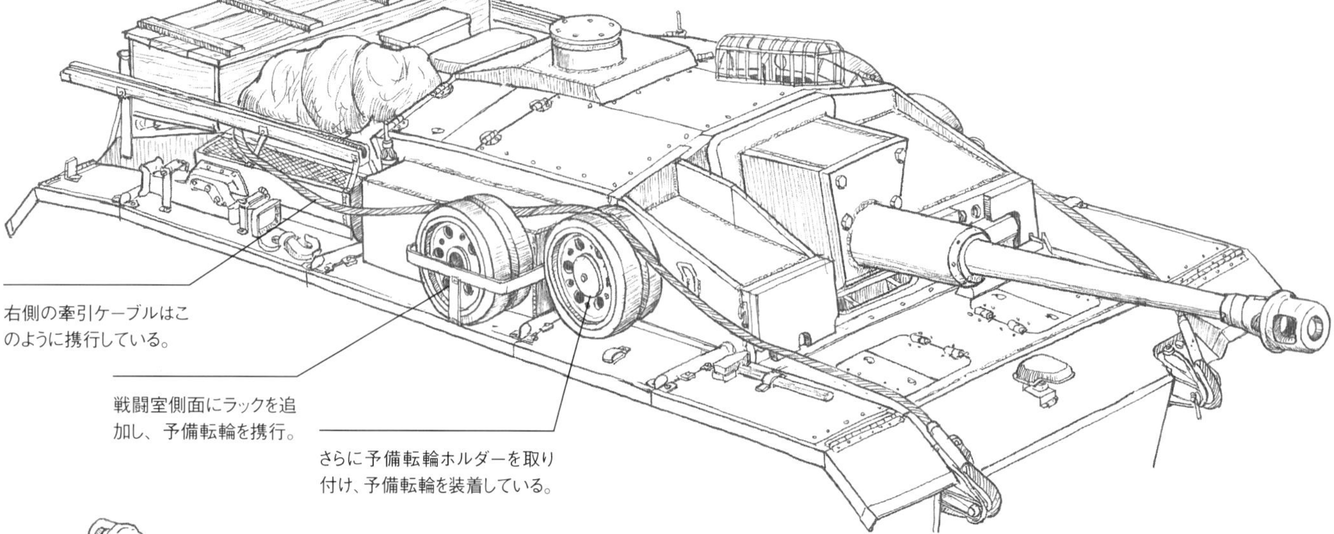

右側の牽引ケーブルはこのように携行している。

戦闘室側面にラックを追加し、予備転輪を携行。

さらに予備転輪ホルダーを取り付け、予備転輪を装着している。

車体後面上部に予備履帯を装着し、その上に束ねた草のようなものを取り付けている。

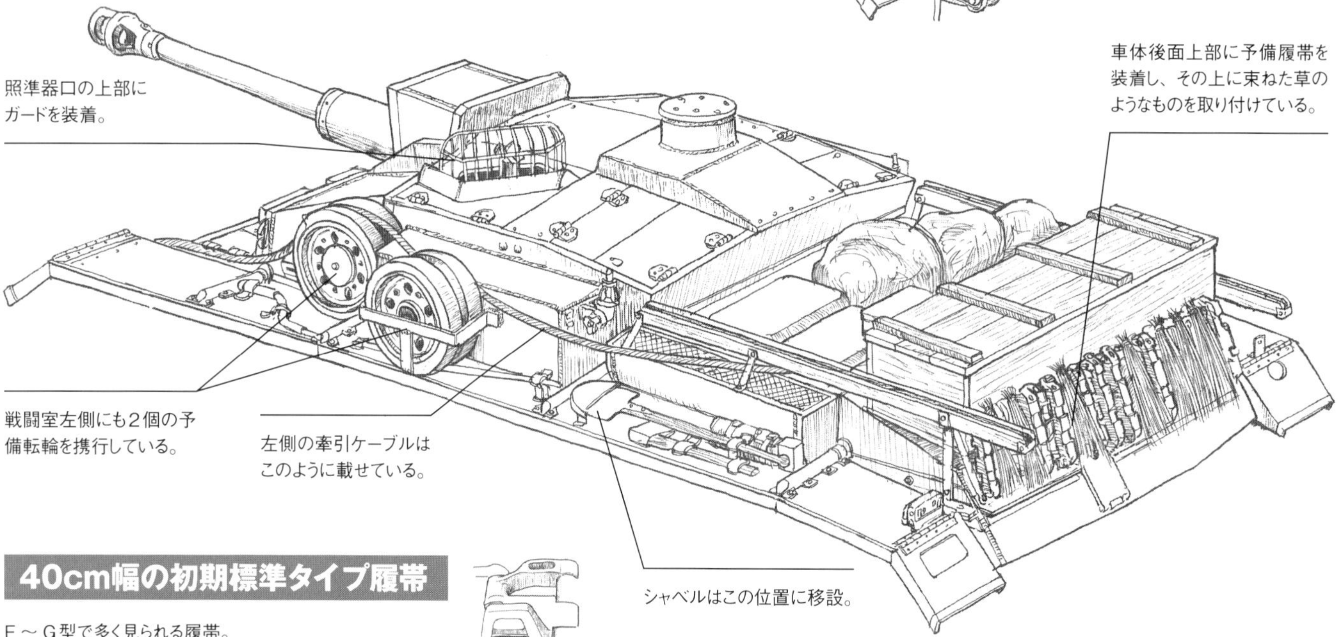

照準器口の上部にガードを装着。

戦闘室左側にも2個の予備転輪を携行している。

左側の牽引ケーブルはこのように載せている。

シャベルはこの位置に移設。

40cm幅の初期標準タイプ履帯

F〜G型で多く見られる履帯。

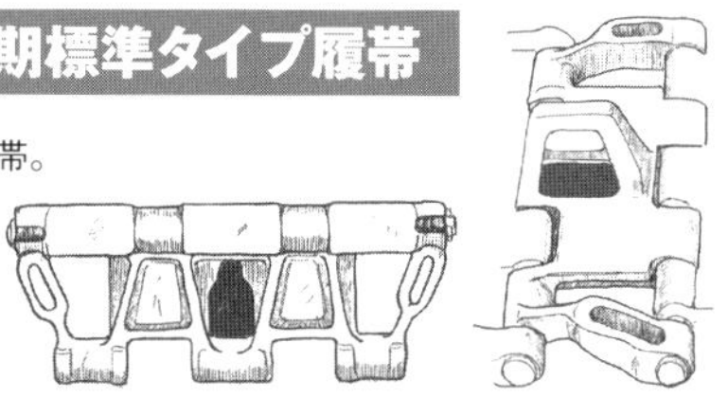

車体前部

車体前面の増加装甲板は、前面板と上部板の間に空きスペースを設けずにぴたりと組み合わせて装着。フェンダー前部には旧来の起倒式マッドガードを装着している。

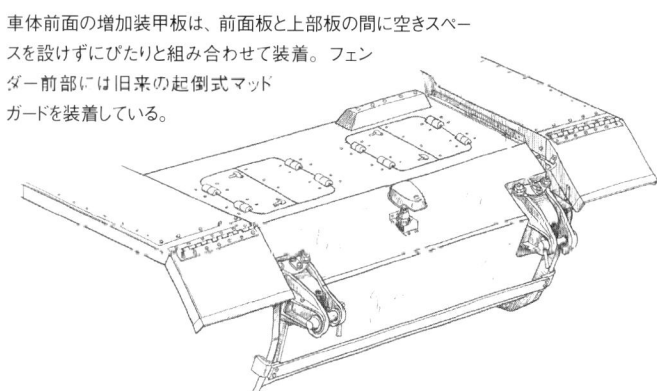

機関室上面

各点検ハッチには吸気口が設けられ、それぞれに装甲カバーが設置されている。

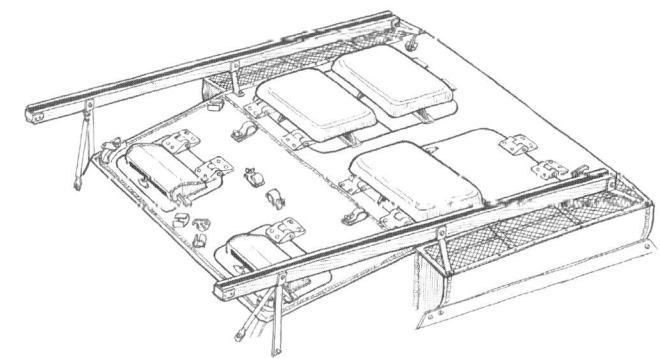

Ⅲ号突撃砲F型（48口径7.5cm砲搭載）ロードス戦車大隊所属車
StuG.III Ausf.F with 7.5cm L/48　Pz.Abt. Rodos

機関室上面の後部に大型の木箱を載せている。

戦闘室前部上面にコンクリートを盛り付けている。

車体各部の特徴

48口径7.5cm砲を装備し、車体前面と戦闘室前面に30mm厚の増加装甲板を溶接留めした1942年7月頃に生産されたF型の後期生産車。履帯は40cm幅の初期標準タイプを装着。

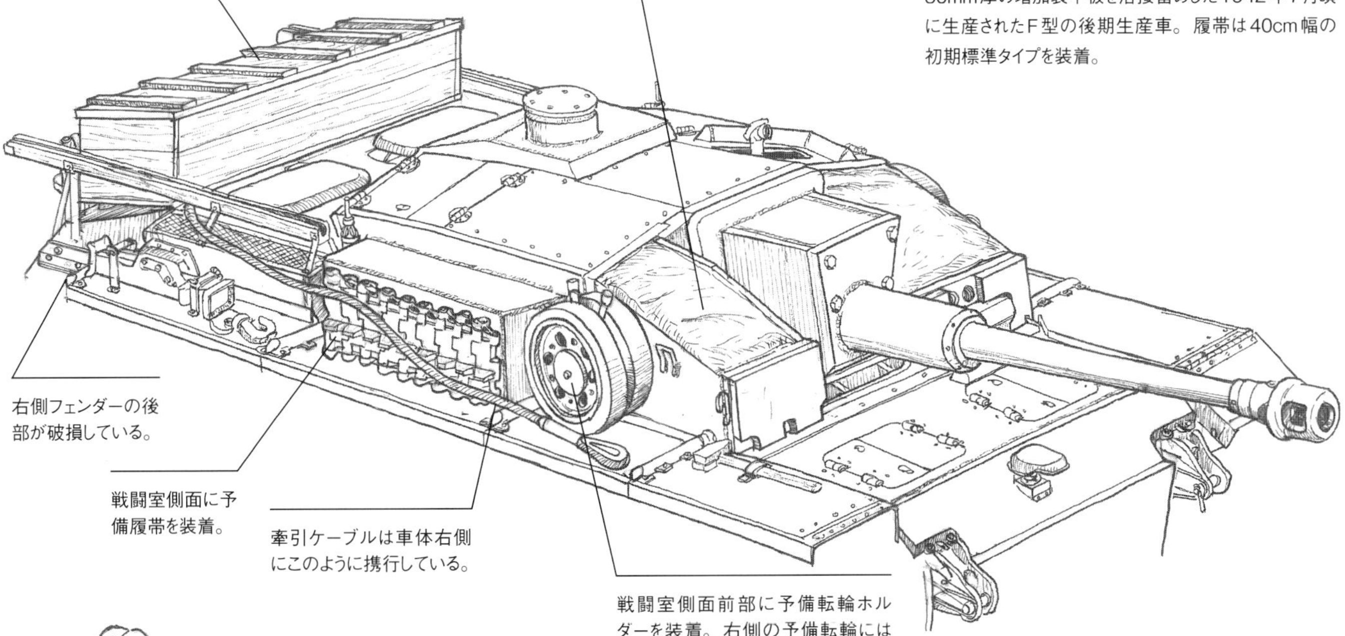

右側フェンダーの後部が破損している。

戦闘室側面に予備履帯を装着。

牽引ケーブルは車体右側にこのように携行している。

戦闘室側面前部に予備転輪ホルダーを装着。右側の予備転輪にはワイヤーカッターが差し込まれている。

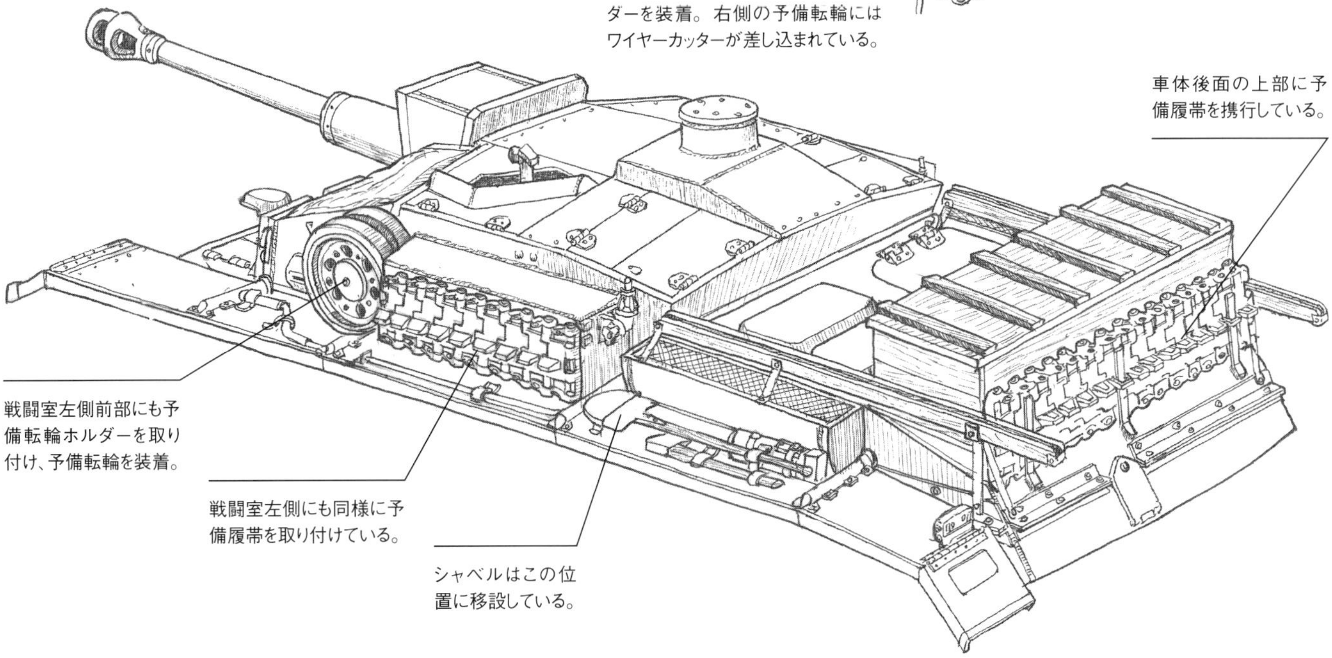

車体後面の上部に予備履帯を携行している。

戦闘室左側前部にも予備転輪ホルダーを取り付け、予備転輪を装着。

戦闘室左側にも同様に予備履帯を取り付けている。

シャベルはこの位置に移設している。

戦闘室前面

戦闘室前面には30mm厚の増加装甲板が溶接留めされている。前面左側は、操縦手用視察バイザー上の双眼式ペリスコープ用の視察孔の部分を避けた形で増加装甲板を装着。

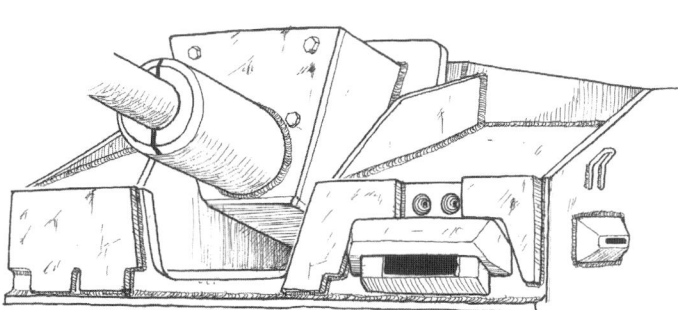

予備のトーションバー

車体側面には（おそらく両側に）予備のトーションバーを携行している。トーションバーは中央部の直径70mm、全長1995mm。

車体後部の予備履帯ラック

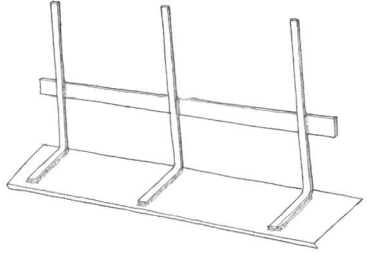

現地部隊による簡易な造り。予備履帯のセンターガイドの穴に板を差し込む形で固定するようになっているため、板の入る部分にはセンターガイドに穴のあるタイプの履帯を使用する必要がある。

Sturmgeschütz III Ausf.F/8
Lehr Sturmgeschütz Kompanie 901
Early of 1943 Eastern Front / Kharkow

[図11]

III号突撃砲F/8型
第901教導突撃砲中隊所属車
1943年初頭 東部戦線／ハリコフ

RAL7021ドゥンケルグラウの基本色とゲルプ系塗料による2色迷彩の車体に白色の冬期迷彩を施していると思われるが、白色の塗料はほとんど色落ちらしている。車体前面上部左端と車体後面左端上部にマークを記入。また、砲身前にした中隊車と車体風車をモチーフプ直前には7本ほどのキルマークが描かれている。

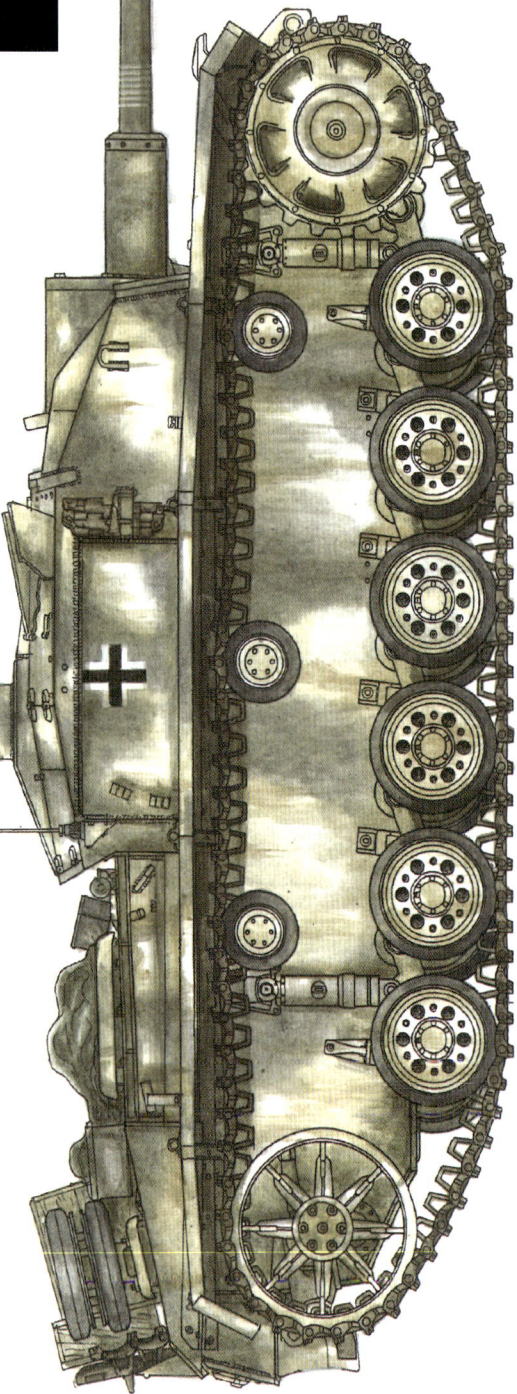

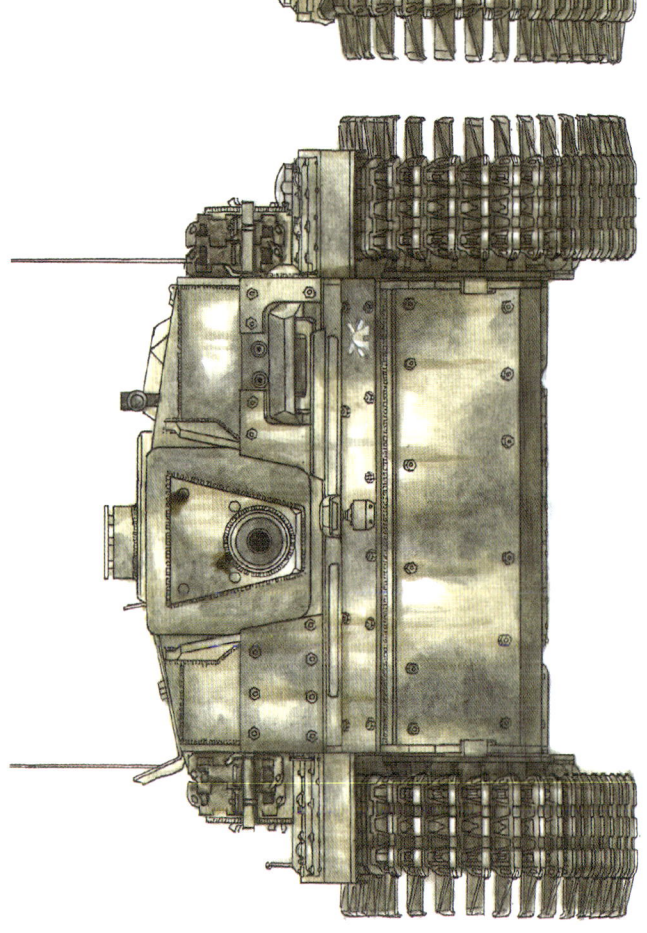

Sturmgeschütz III Ausf.F/8
Sturmgeschütz Abteilung 209 Winter of 1942-43 Eastern Front

[図12]

Ⅲ号突撃砲F/8型
第209突撃砲大隊所属車 1942〜1943年冬 東部戦線

白色を上塗りした冬期迷彩が全体に施されている。参考にした写真は、塗り直された直後で白色塗料の色落ちがないためか下地の塗装は不明だが、マーキングの周囲の塗り残し部分を見るとグレー系の塗装のようだ。砲兵部隊らしく砲番号はアルファベットが用いられており、戦闘室側面の張り出し部分には国籍標識のバルケンクロイツと大隊のマークも描かれている。車体後面上部左端の塗り残し部分に描かれているマークははっきりしないが、図では突撃砲部隊の戦術マークとした。

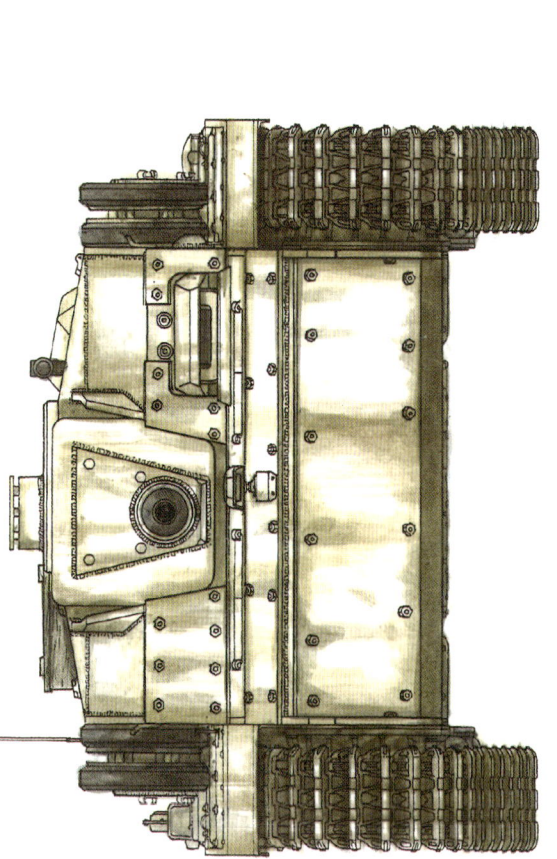

[図11]

III号突撃砲F/8型　第901教導突撃砲中隊所属車
StuG.III Ausf.F/8 Lehr StuG.Kp.901

車体各部の特徴

車体前面と戦闘室前面の30mm厚増加装甲板をボルト留め式に変更したF/8型の1942年10月頃の生産車でIII号戦車M型車台を転用している。

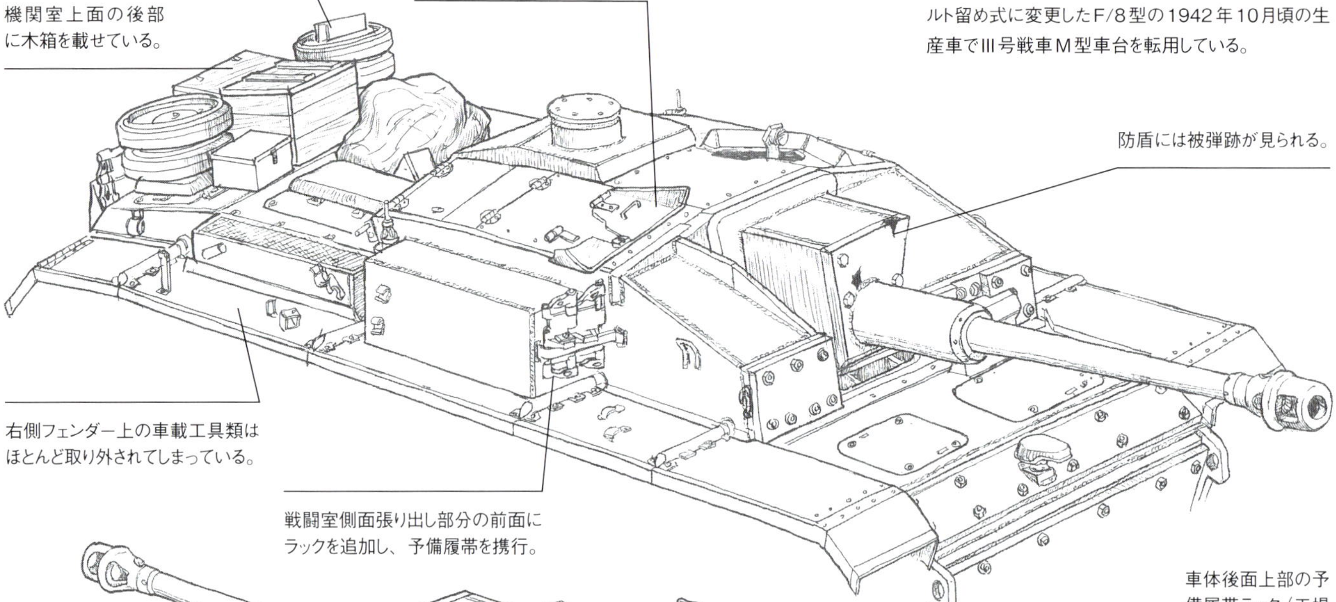

- 予備転輪にジャッキアップ用の工具を差し込んでいる。
- 装填手用ハッチ前に設置されたMG防盾はかなり損傷している。
- 機関室上面の後部に木箱を載せている。
- 防盾には被弾跡が見られる。
- 右側フェンダー上の車載工具類はほとんど取り外されてしまっている。
- 戦闘室側面張り出し部分の前面にラックを追加し、予備履帯を携行。
- 機関室上面前方にシートを載せている。
- 車体後面上部の予備履帯ラック（工場正規品）に予備履帯を載せている。
- 戦闘室左側の張り出し部分前面にもラックを設け、予備履帯を携行。
- 左側フェンダー後部のマッドガードはかなりの損傷が見られる。

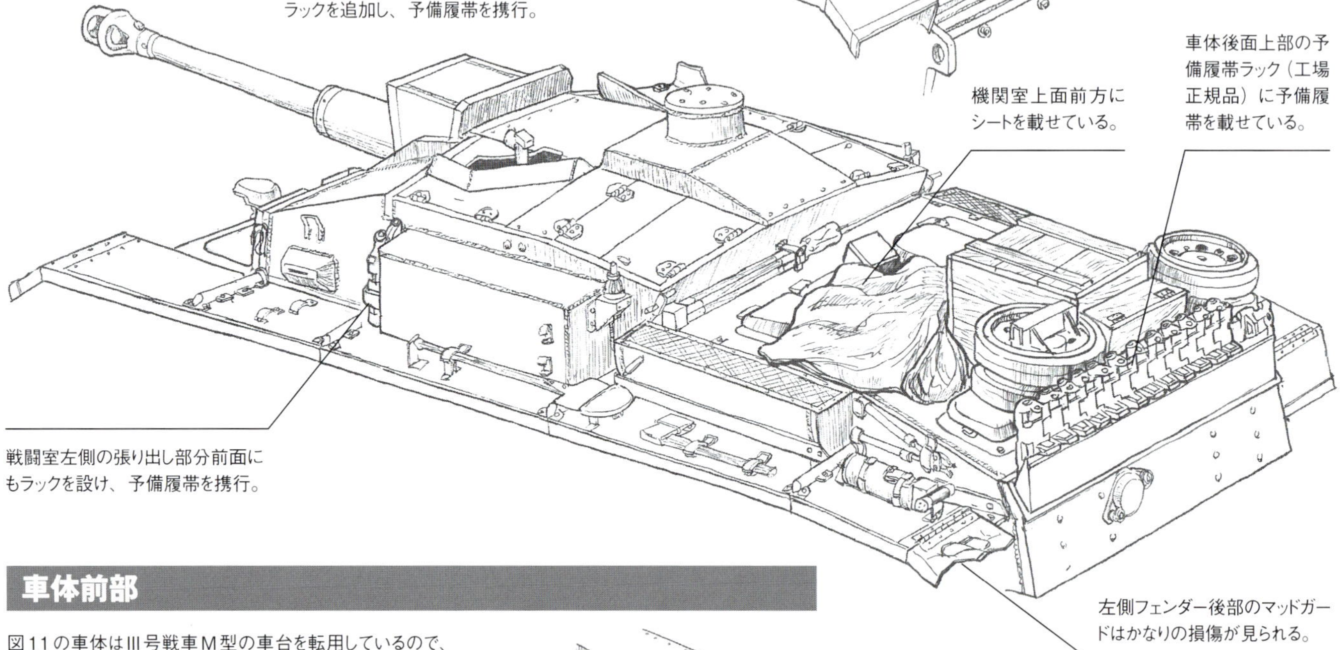

車体前部

図11の車体はIII号戦車M型の車台を転用しているので、前部上面ハッチは取り外し式で、操縦手用視察バイザー手前の跳弾ブロックも戦車型と同じ長いタイプになっている。

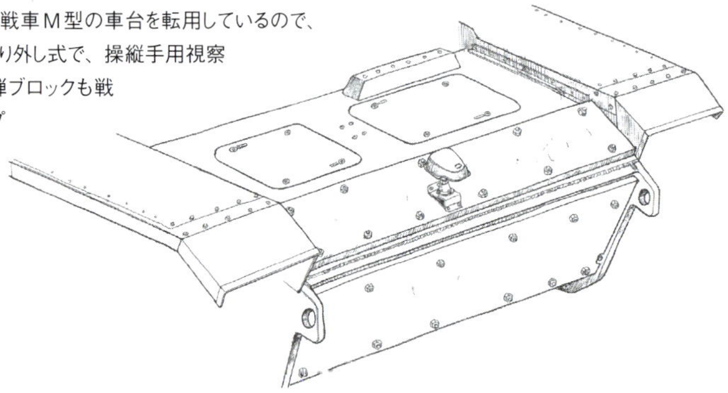

予備履帯ラック

戦闘室側面の張り出し部分の前面に設けられた予備履帯ラック。履帯を固定する金具も付いている。

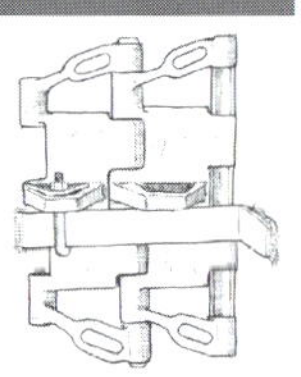

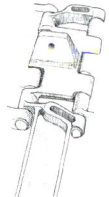

車体前部

30mm厚の増加装甲板はボルト留め。操縦手用視察バイザー上の双眼式ペリスコープ用視察孔の部分には増加装甲はない。防盾に残った被弾跡は対戦車ライフルのような小口径火器によるもの。

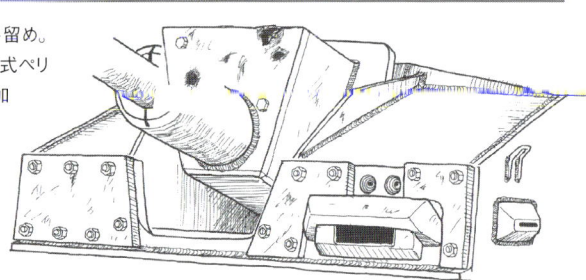

冬期用履帯ヴィンターケッテ

この車両は冬期雪上地帯踏破用の幅広履帯"ヴィンターケッテ"を装着している。

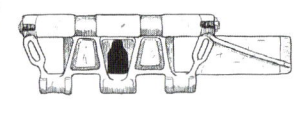

〔図12〕

III号突撃砲F/8型 第209突撃砲大隊所属車
StuG.III Ausf.F/8 StuG.Abt.209

機関室上面の最後部右側には木箱も積載。

機関室上面に金属製らしき箱を載せている。

車体各部の特徴

車体前面と戦闘室前面の30mm厚増加装甲板はボルト留めで、車体前部上面の点検ハッチが左右開き式となった1942年11月頃生産のF/8型後期生産車。履帯は40cm幅の初期標準タイプを装着している。

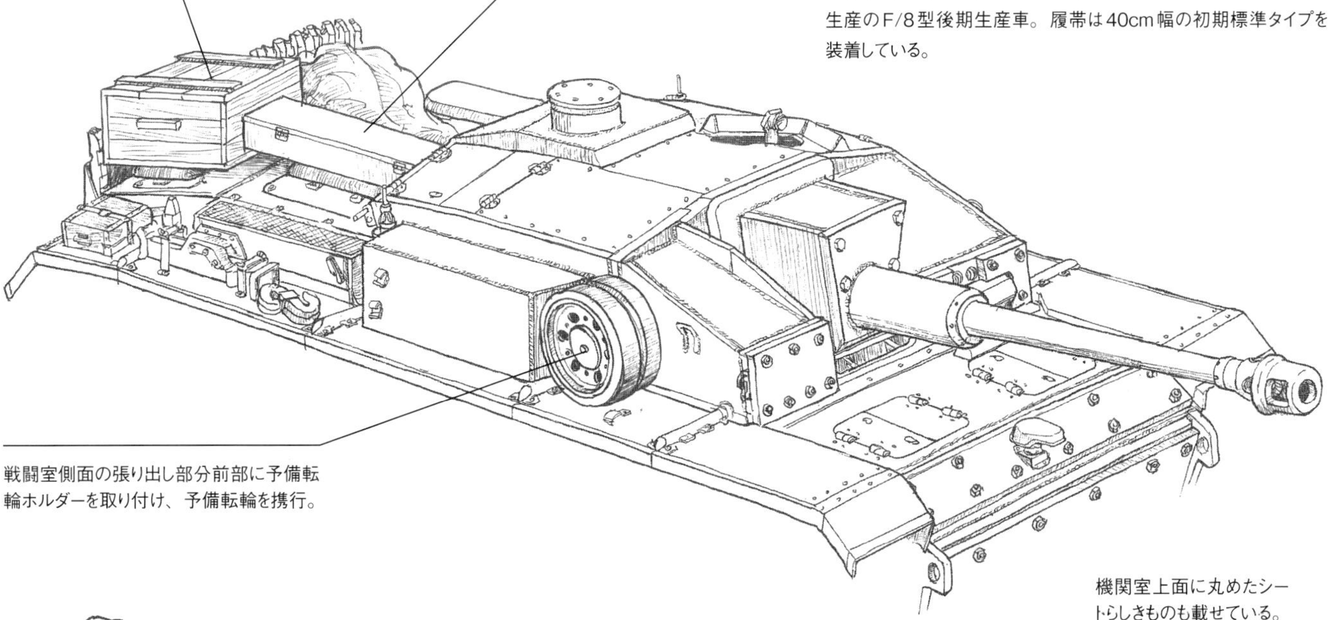

戦闘室側面の張り出し部分前部に予備転輪ホルダーを取り付け、予備転輪を携行。

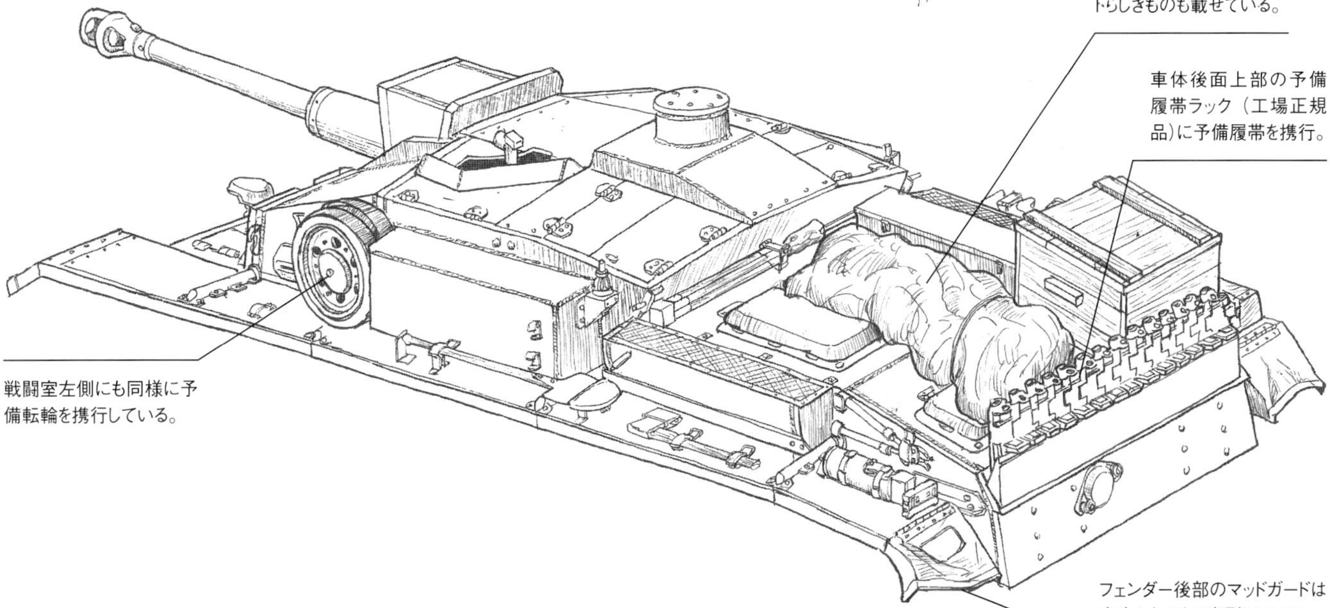

機関室上面に丸めたシートらしきものも載せている。

車体後面上部の予備履帯ラック（工場正規品）に予備履帯を携行している。

戦闘室左側にも同様に予備転輪を携行している。

フェンダー後部のマッドガードは左右ともかなり変形している。

F/8型の機関室上面

F型とは点検ハッチの配置が異なり、さらに吸気口カバーの位置も異なっている。上面最前部には砲身クリーニングロッドのラックと予備アンテナホルダー、後方中央部には履帯用工具箱が取り付けられている。

F/8型の車体後面

車体後面はF型に比べ、大きく変化している。上部に取り付けられている板は予備履帯用のラックで、現地部隊で応急的に造られたものではなく、工場で量産された規格品である。

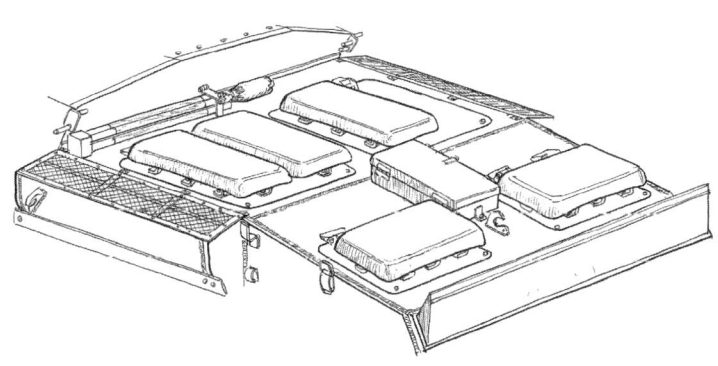

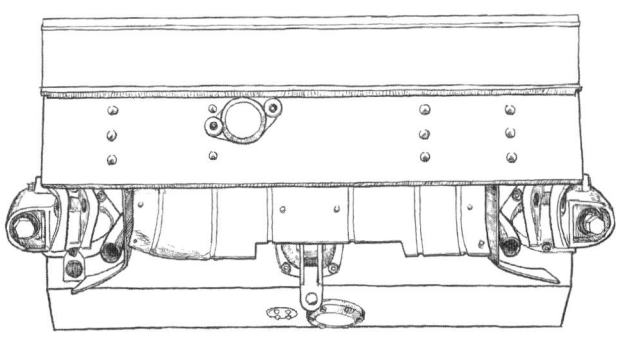

Sturmgeschütz III Ausf.F/8
Sturmgeschütz Abteilung 243
End of 1942 Eastern Front/ Southern Sector

〔図13〕

Ⅲ号突撃砲F/8型

第243突撃砲大隊所属車
1942年末　東部戦線／南部戦区

車体には２色迷彩が施されており、図ではRAL7021ドゥンケルグラウを基本色とし、ゲルブ系の塗料を迷彩色として吹き付けていると推定。戦闘室側面の張り出し部分には、盾の中に騎士を描いた大隊マークが描かれている。第243突撃砲大隊では、この大隊マークの右上の図柄（この車両はハート）によって所属中隊を識別していた。

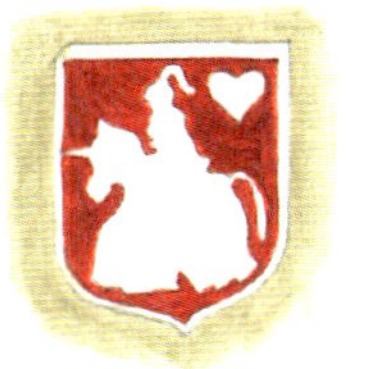

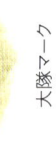

大隊マーク

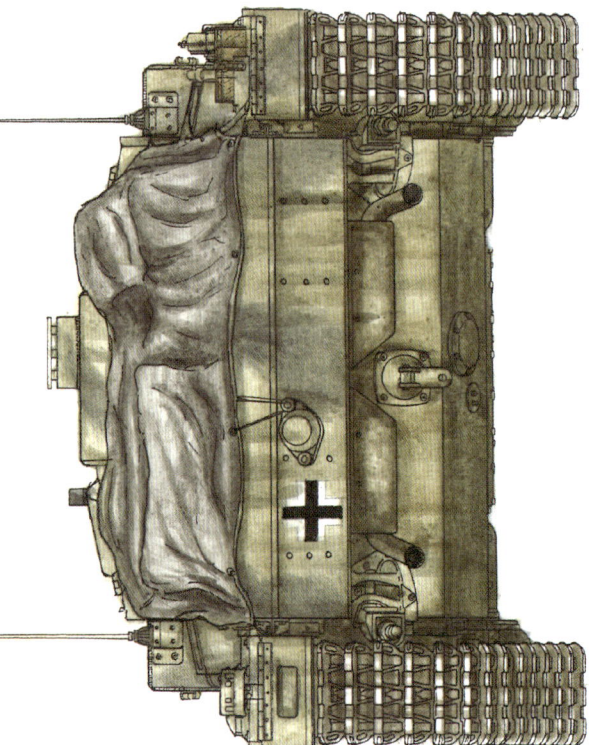

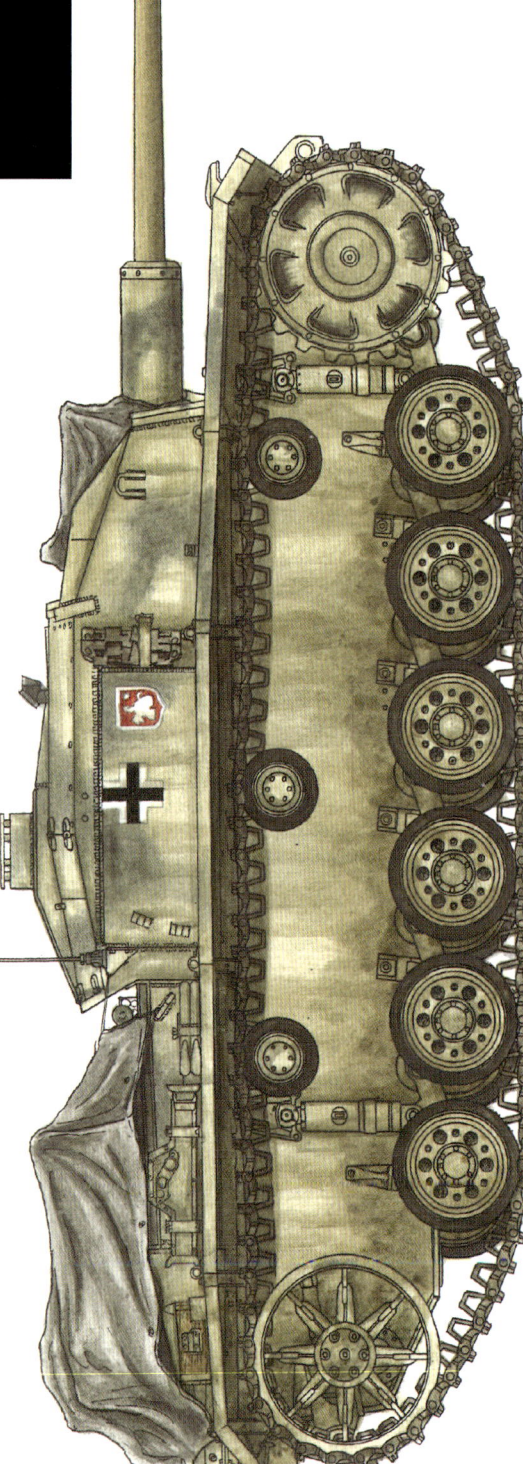

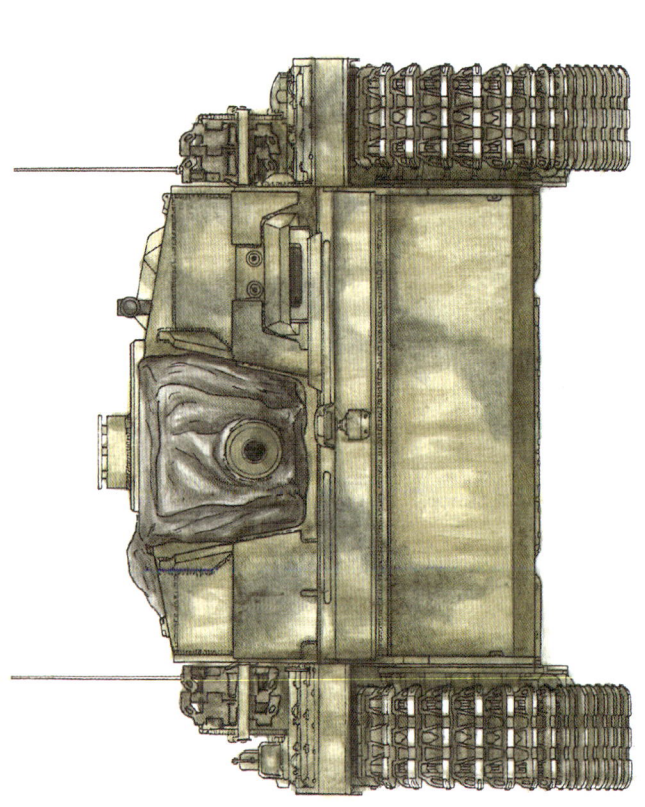

Sturmgeschütz III Ausf.F/8
Sturmgeschütz Kompanie, Panzerjäger Abteilung, Luftwaffe 14. Feld Division
Summer of 1943 Norway

[図14]
Ⅲ号突撃砲F/8型
空軍第14野戦師団戦車駆逐大隊突撃砲中隊所属車　1943年夏　ノルウェー

独特な迷彩塗装が施された、空軍第14野戦師団突撃砲中隊の所属車両。RAL7028ドゥンケルゲルプと思われる基本色の上にRAL6003オリーブグリュンとRAL8017ロートブラウン、さらに白色のような明るい塗色を刷毛で細かく塗り付けている。戦闘室側面の張り出し部分にはニックネームの女性名"GERDA"の文字も描かれている。

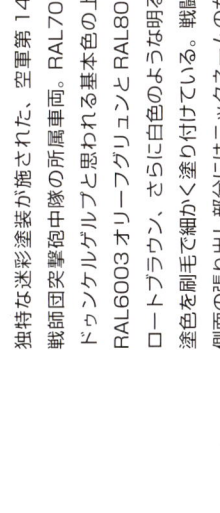

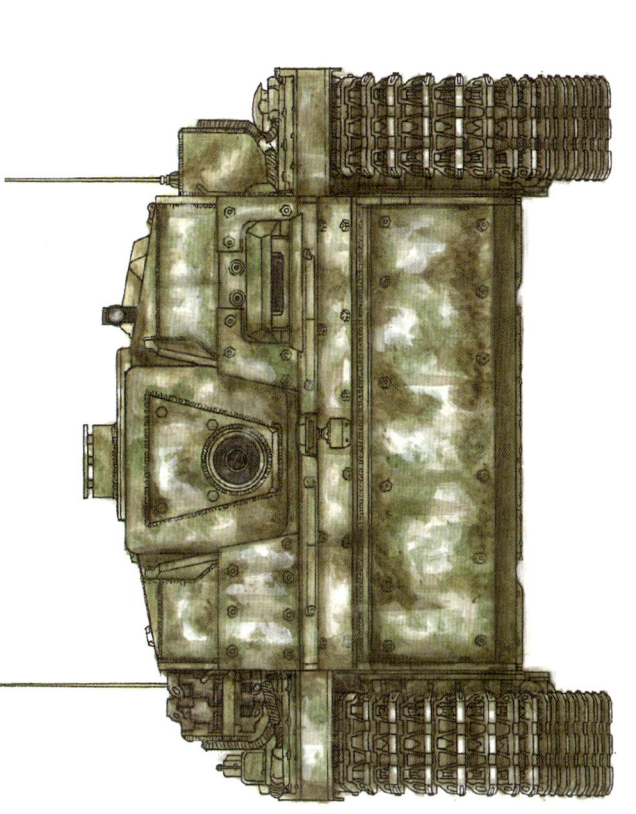

[図13]
Ⅲ号突撃砲F/8型 第243突撃砲大隊所属車
StuG.III Ausf.F/8 StuG.Abt.243

機関室上面は全体をキャンバス・シートで覆っている。

防盾全体もキャンバス・シートでカバー。

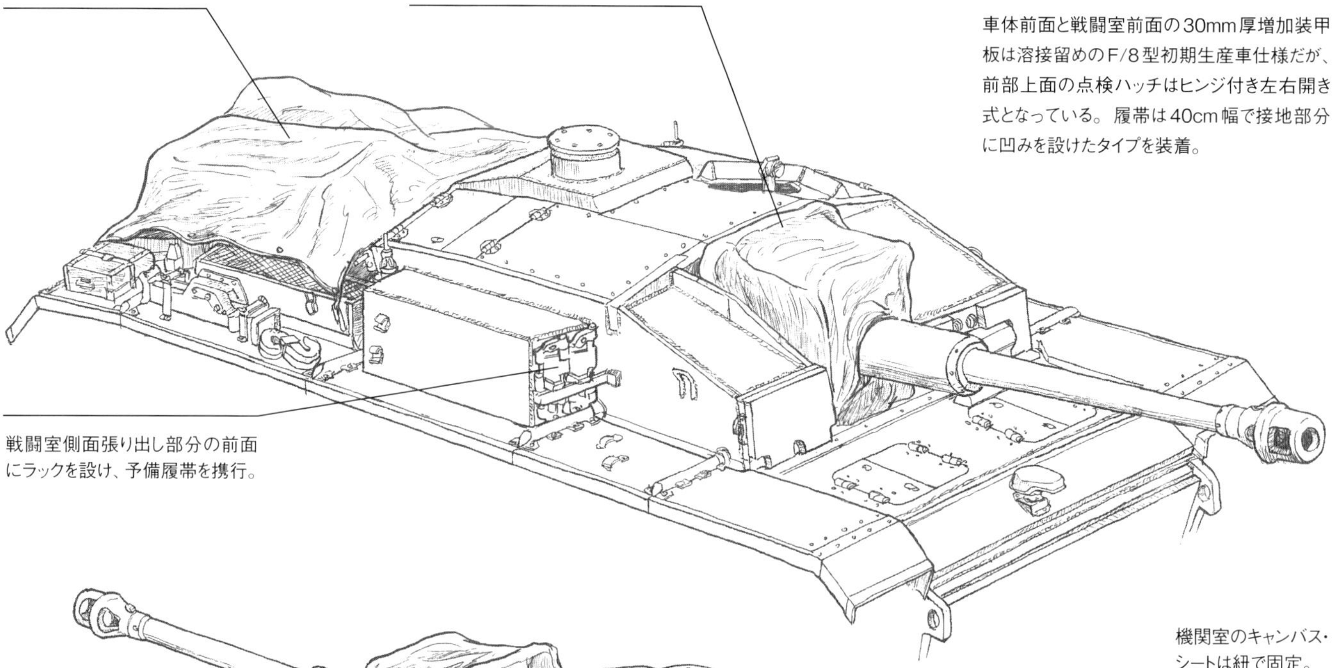

車体各部の特徴

車体前面と戦闘室前面の30mm厚増加装甲板は溶接留めのF/8型初期生産車仕様だが、前部上面の点検ハッチはヒンジ付き左右開き式となっている。履帯は40cm幅で接地部分に凹みを設けたタイプを装着。

戦闘室側面張り出し部分の前面にラックを設け、予備履帯を携行。

機関室のキャンバス・シートは紐で固定。

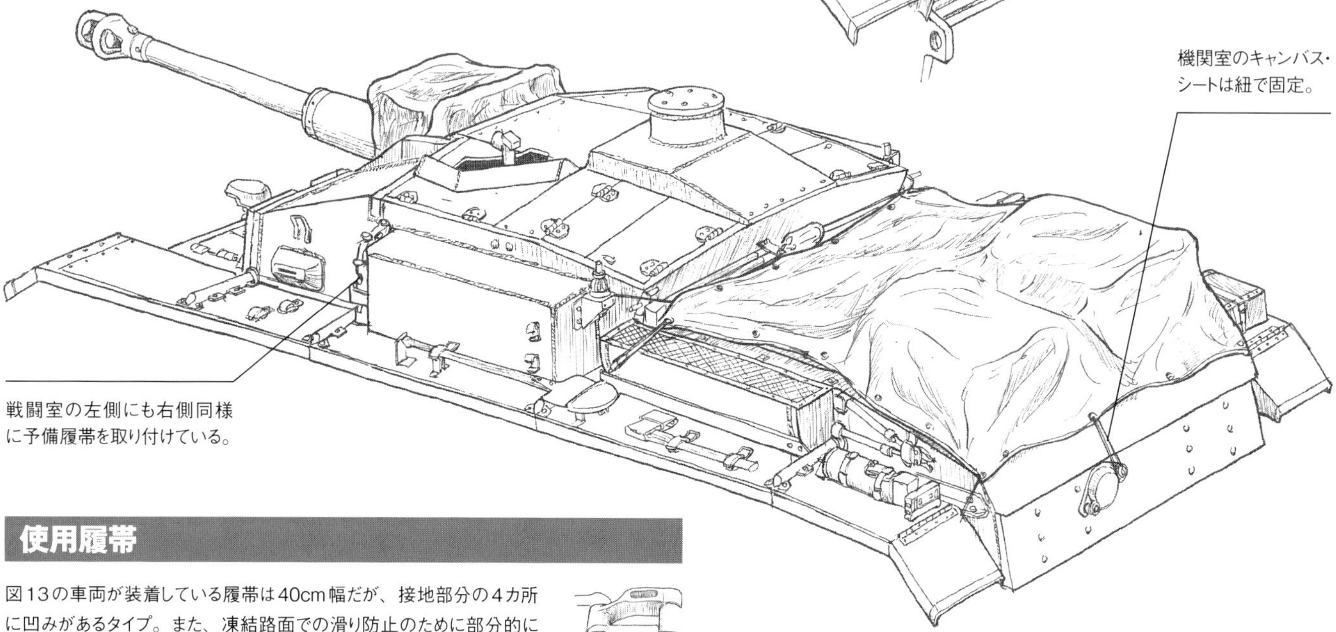

戦闘室の左側にも右側同様に予備履帯を取り付けている。

使用履帯

図13の車両が装着している履帯は40cm幅だが、接地部分の4カ所に凹みがあるタイプ。また、凍結路面での滑り防止のために部分的に防滑具が装着(図の状態)されている。

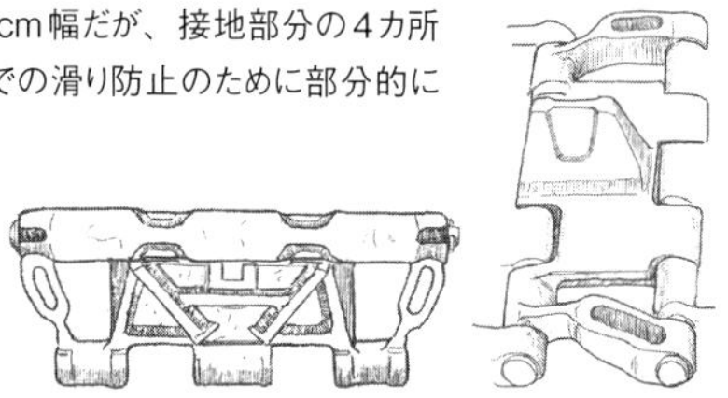

車体前部

前面と上部の増加装甲板は溶接留めで、前面部上縁と上部下縁に隙間を設けて装着。フェンダー前部の固定式マッドガードはF型の後期生産車から導入されている。

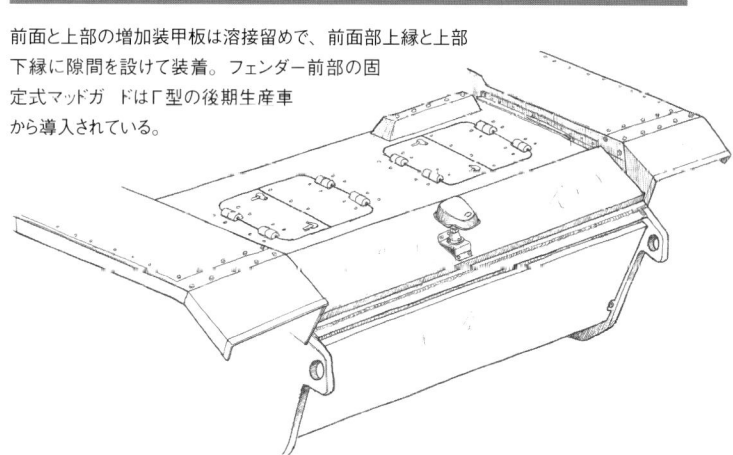

戦闘室

F型とは照準器口の位置などに変化が見られる。またアンテナ基部は左下図のような固定式に変更されている。

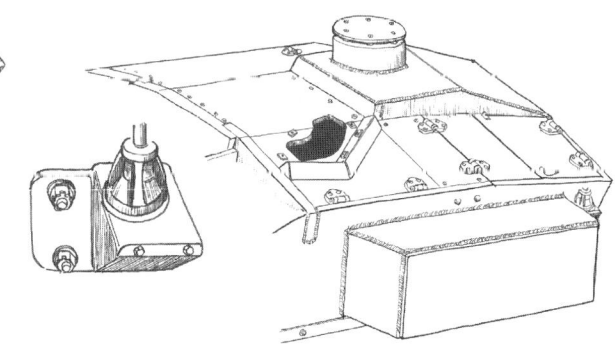

[図14]
Ⅲ号突撃砲F/8型 空軍第14野戦師団戦車駆逐大隊突撃砲中隊所属車
StuG.III Ausf.F/8 StuG.Kp., Pz.Jäg.Abt., LW 14. Feld Div.

車体各部の特徴

車体前面及び戦闘室前面の増加装甲板はボルト留め式で、車体前部上面の点検ハッチが左右開き式となった1942年11月頃生産のF/8型後期生産車。履帯は40cm幅の初期標準タイプを装着。

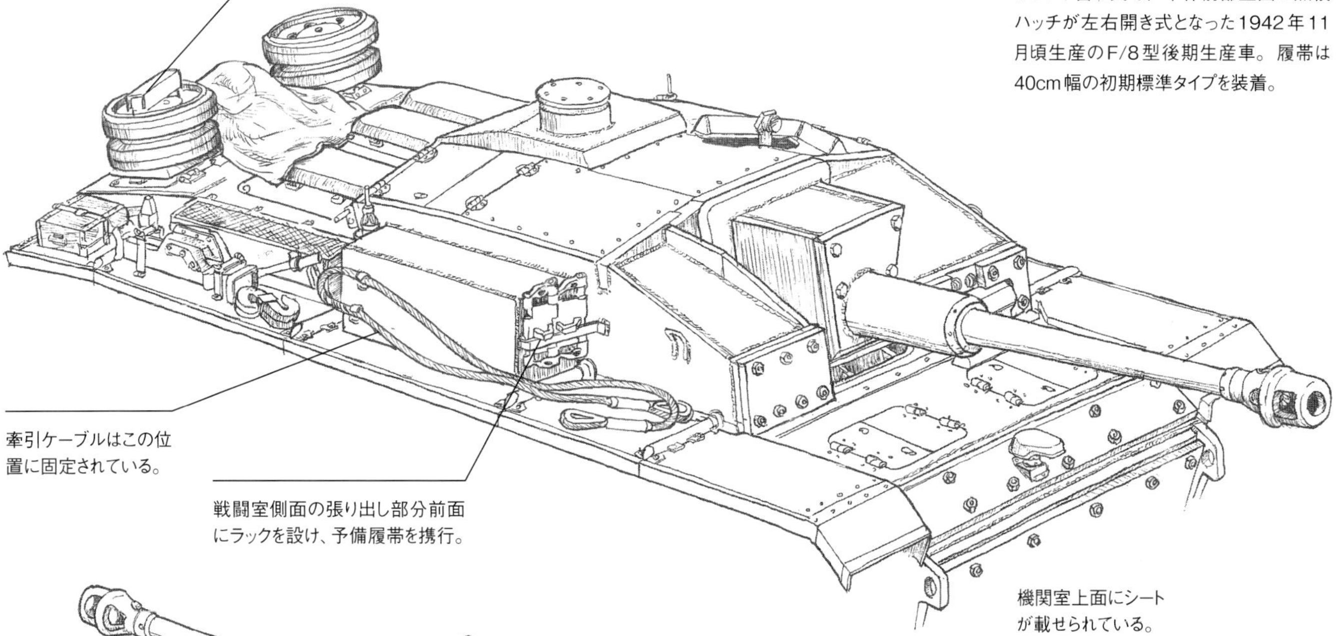

右側の予備転輪にジャッキアップ用の工具を差し込んでいる。

牽引ケーブルはこの位置に固定されている。

戦闘室側面の張り出し部分前面にラックを設け、予備履帯を携行。

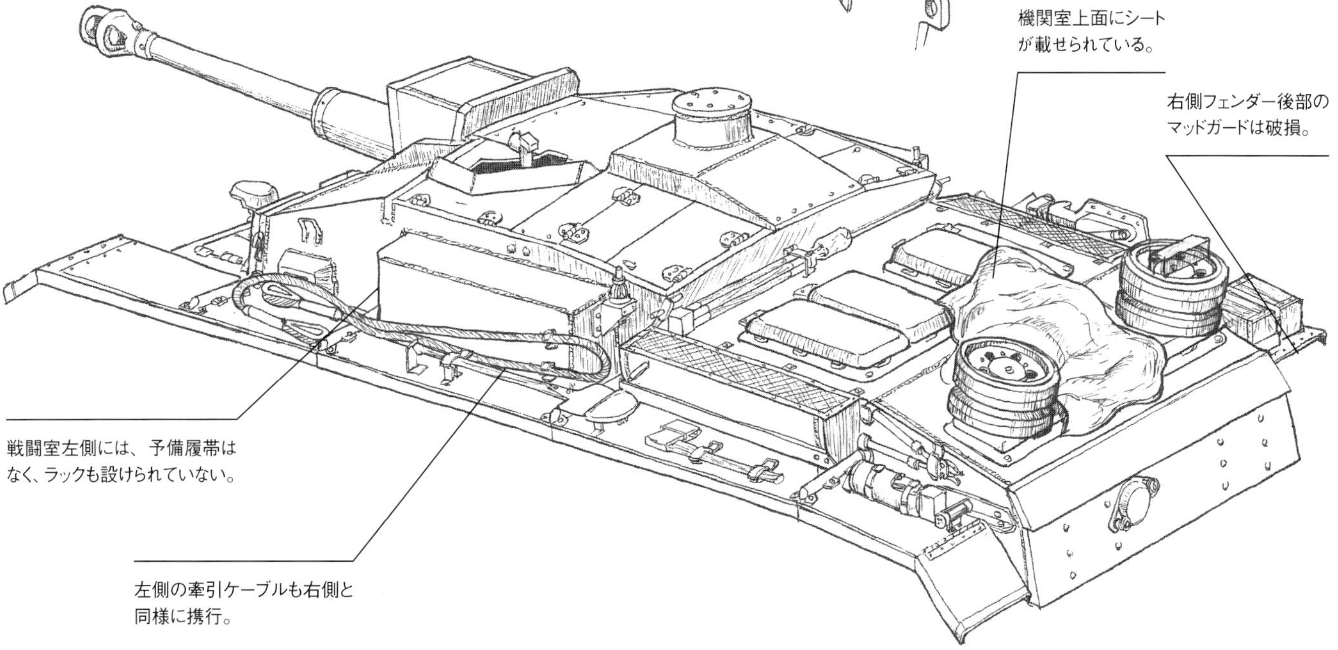

機関室上面にシートが載せられている。

右側フェンダー後部のマッドガードは破損。

戦闘室左側には、予備履帯はなく、ラックも設けられていない。

左側の牽引ケーブルも右側と同様に携行。

機関室上面

後部排気口カバーの上面には、図のように予備転輪のホルダーを取り付けている車体が多い。

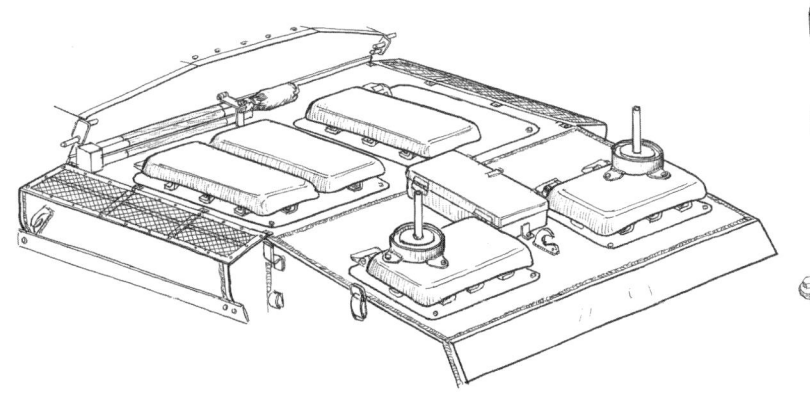

予備転輪ホルダー

上部の円形固定板は単なる板ではなく、裏側に補強リブを設けている(上の部分図)。

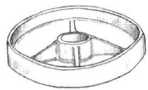

ジャッキアップ用の工具

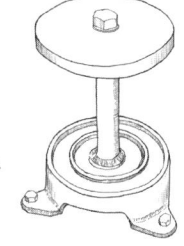

転輪の大きな孔の左右にこの工具の円柱を差し込んで、上部の角張った部分でジャッキを受けて転輪を持ち上げる。図11と図14の車両のように予備転輪に差し込んで携行しているケースが多いが、他の場所に携行している場合もあった。

Sturmgeschütz III Ausf.G Initial production model
SS-Sturmgeschütz Abteilung 2
Summer of 1943 Eastern Front / Mius Sector

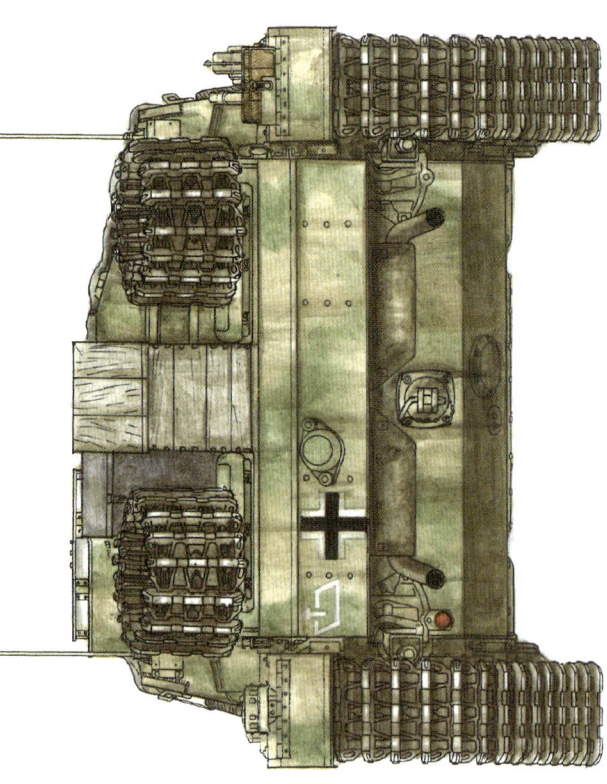

[図15]
III号突撃砲G型 極初期生産車

SS 第2突撃砲大隊所属車
1943年夏 東部戦線/ミウス戦区

RAL7028ドンケルゲルプを基本色にし、RAL6003オリーブグリュンを吹き付けた2色迷彩が施されている。戦闘室の側面には"Bismarck"のニックネームが描き込まれており、さらに車体前面上部の右側にはクルスク戦時の師団マークと上部左側には戦術マークが、車体後面上部左側には国籍標識のバルケンクロイツと戦術マークが描かれている。また、機関室上面の前部に置かれた木箱の上面には白線が引かれている。

Sturmgeschütz III Ausf.G Initial production model
SS–Sturmgeschütz Abteilung 2
Winter of 1943-44 Eastern Front/ Mius Sector

[図16]
III号突撃砲G型 極初期生産車
SS 第2突撃砲大隊所属車　東部戦線/ミウス戦区
1943～1944年冬

RAL7028ドンケルゲルプの基本色に迷彩色RAL6003オリーブグリュンを吹き付けた2色迷彩と思われる車体にさらに白色の塗料を上塗りし、冬期迷彩を施している。戦闘室側面に描かれた"Florian Geyer"のニックネームと国籍標識バルケンクロイツの周囲は白色を塗らず、T字状に下地の2色迷彩が塗り残されている。前方からの撮影された写真なので、車体前部のマーキングの有無は不明だが、車体後面上部にはマーキングは施されていない。

33

[図15]

Ⅲ号突撃砲G型 極初期生産車　SS第2突撃砲大隊所属車
StuG.III Ausf.G Initial-model SS-StuG.Abt.2

車体各部の特徴

戦闘室左右側面前部の傾斜面の角度が強く、操縦手側に視察ブロックを備えた1942年12月生産のG型極初期生産車。マズルブレーキはF/8型と同様の丸みを帯びたダブルバッフル式の初期タイプで、ボルト留めの増加装甲板を装着。履帯は40cm幅の初期標準タイプを使用。

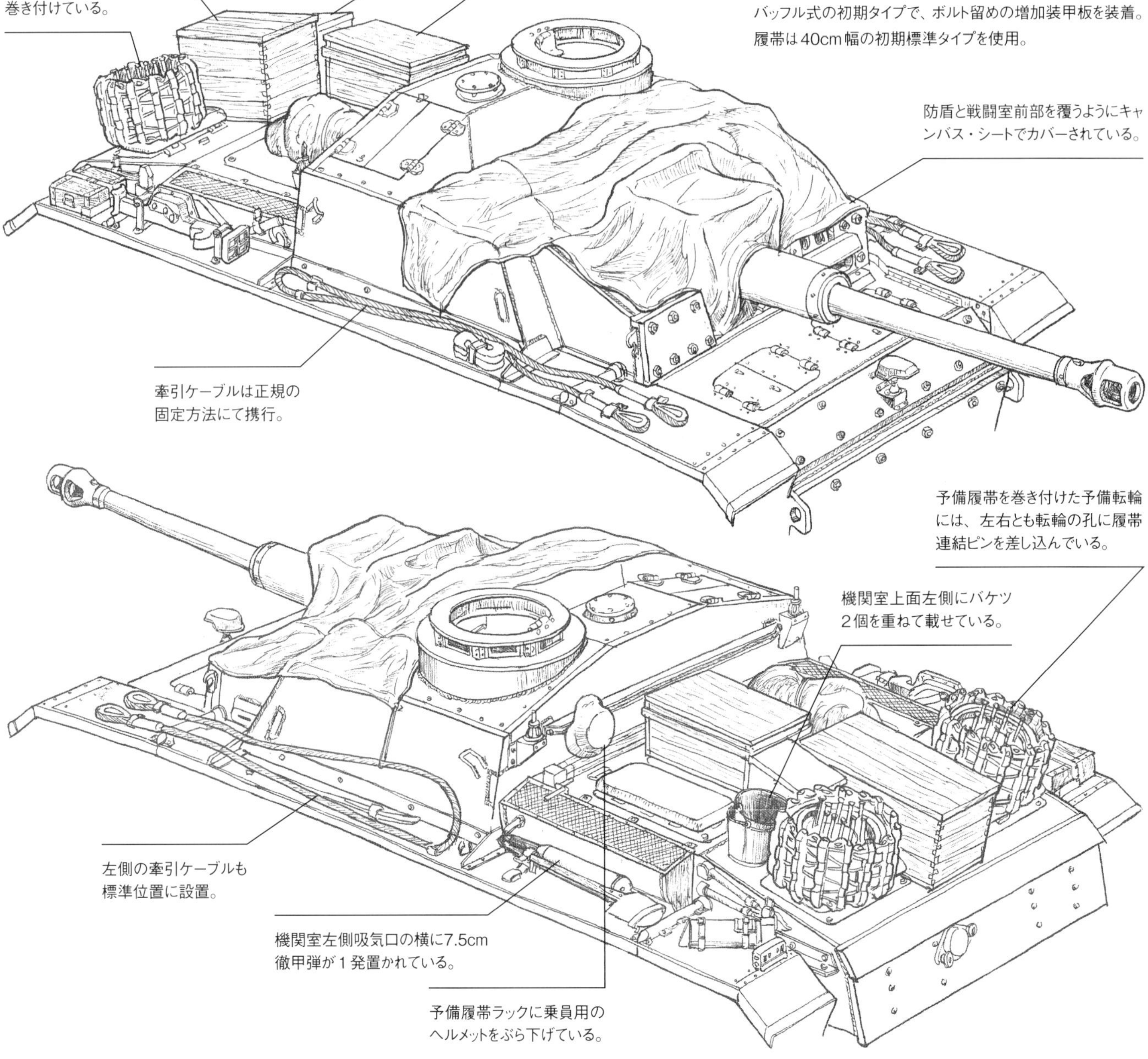

- 後部に大きな木箱を積んでいる。
- 左右の予備転輪の周囲に予備履帯を巻き付けている。
- ここに金属箱を置いている。
- 機関室上面前部中央に木箱を積載。
- 防盾と戦闘室前部を覆うようにキャンバス・シートでカバーされている。
- 牽引ケーブルは正規の固定方法にて携行。
- 予備履帯を巻き付けた予備転輪には、左右とも転輪の孔に履帯連結ピンを差し込んでいる。
- 機関室上面左側にバケツ2個を重ねて載せている。
- 左側の牽引ケーブルも標準位置に設置。
- 機関室左側吸気口の横に7.5cm徹甲弾が1発置かれている。
- 予備履帯ラックに乗員用のヘルメットをぶら下げている。

車体前部

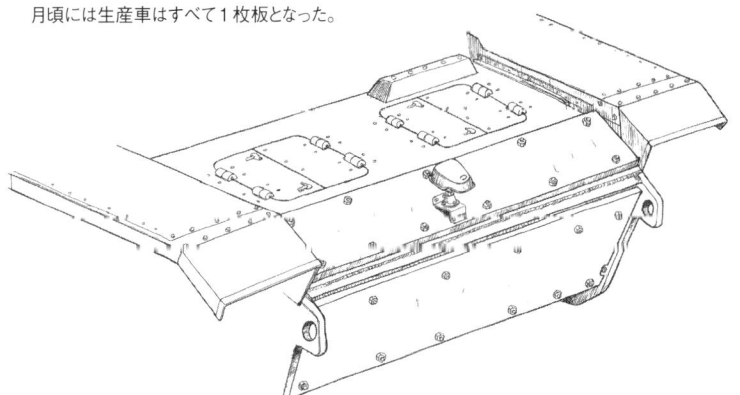

1943年4月以前のG型初期生産車では、F/8型後期生産車と同様、前面の増加装甲板はボルト留めで装着。4月生産車から前面装甲板は80mm厚の1枚板への変更が始まり、同年11月頃には生産車はすべて1枚板となった。

戦闘室前面

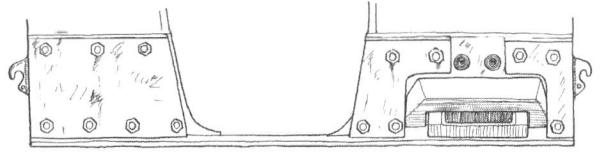

戦闘室前面の増加装甲板もボルト留め。操縦手用KFF2ペリスコープの視察孔部分には増加装甲板は未装着。

ベンチレーターカバー

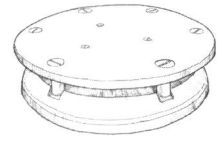

戦闘室上面の後部中央に設置。ベンチレーターは後に戦闘室後面に移設されるが、それよりもカバーの厚さは薄い。

[図16]

III号突撃砲G型 極初期生産車　SS第2突撃砲大隊所属車
StuG.III Ausf.G Initial-model SS-StuG.Abt.2

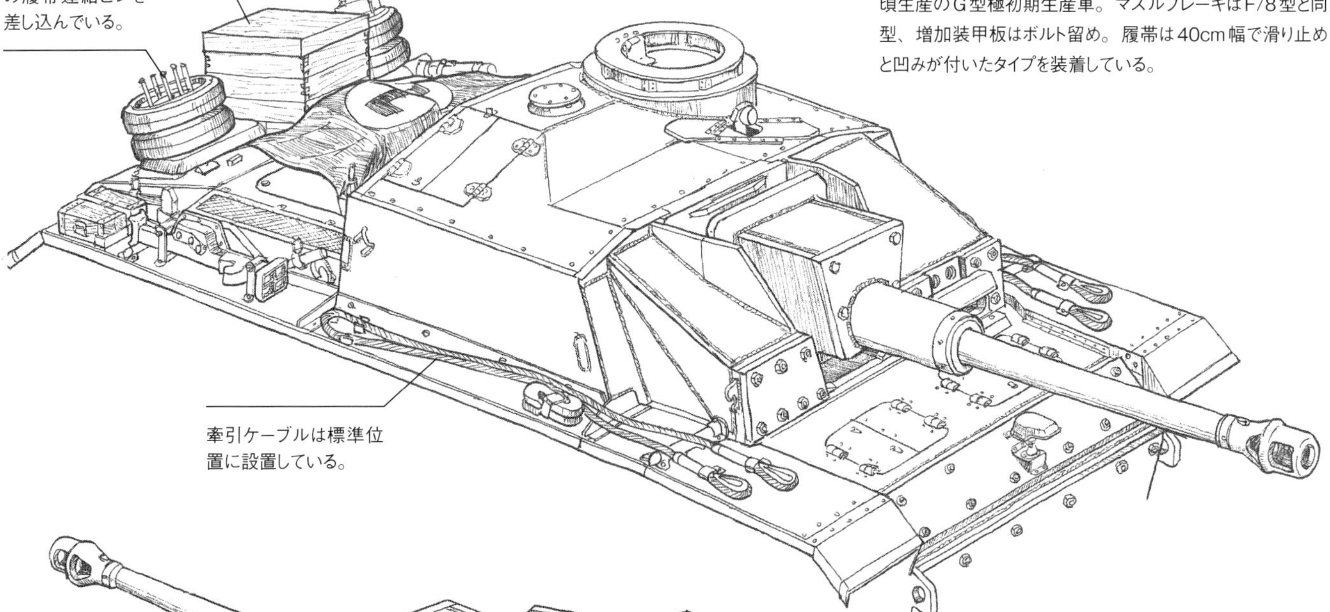

車体各部の特徴

左右側面前部の傾斜角が強い旧形状の戦闘室で、上面の照準器口にカバーを追加した1942年12月～1943年1月頃生産のG型極初期生産車。マズルブレーキはF/8型と同型、増加装甲板はボルト留め。履帯は40cm幅で滑り止めと凹みが付いたタイプを装着している。

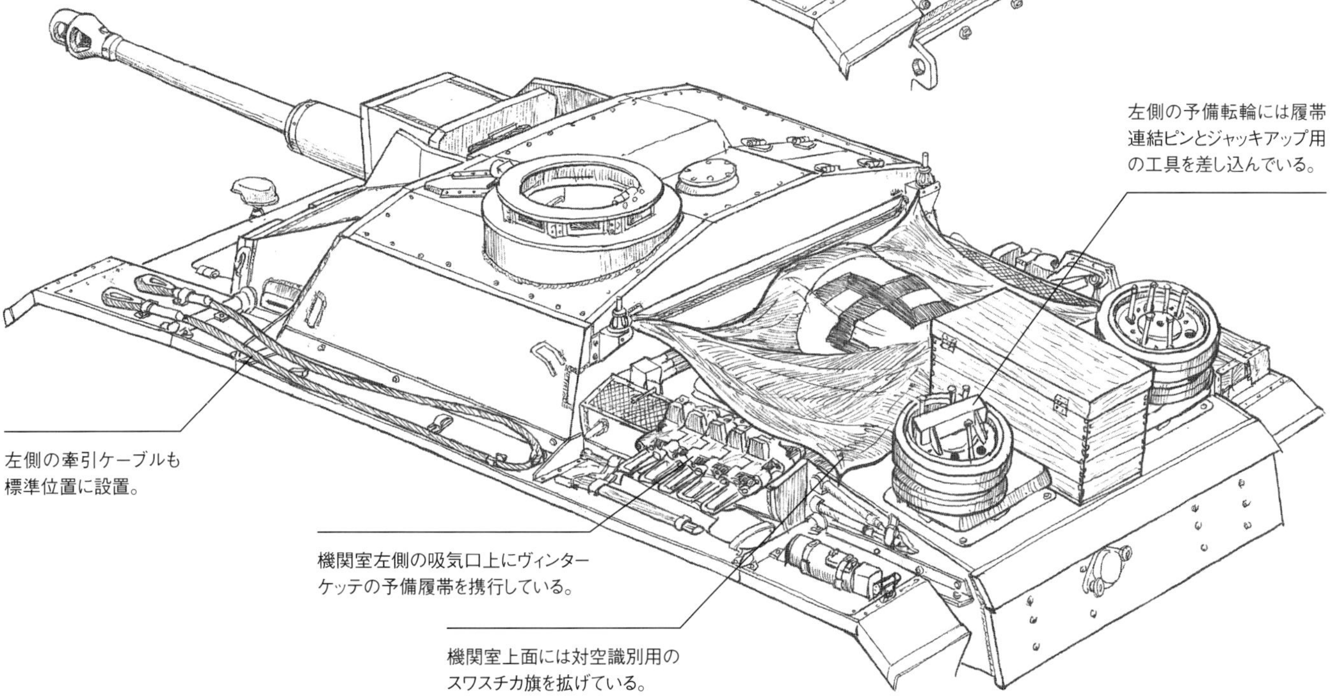

機関室上面の後部中央に大型の木箱を積んでいる。

予備転輪には予備の履帯連結ピンを差し込んでいる。

牽引ケーブルは標準位置に設置している。

左側の予備転輪には履帯連結ピンとジャッキアップ用の工具を差し込んでいる。

左側の牽引ケーブルも標準位置に設置。

機関室左側の吸気口上にヴィンターケッテの予備履帯を携行している。

機関室上面には対空識別用のスワスチカ旗を拡げている。

G型極初期生産車の戦闘室

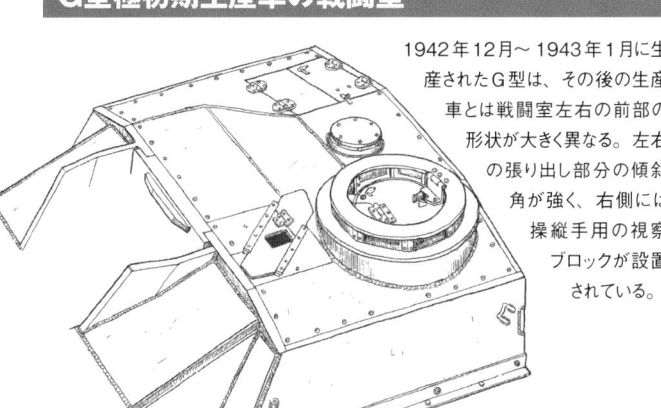

1942年12月～1943年1月に生産されたG型は、その後の生産車とは戦闘室左右の前部の形状が大きく異なる。左右の張り出し部分の傾斜角が強く、右側には操縦手用の視察ブロックが設置されている。

スライド式カバー付きの照準器口

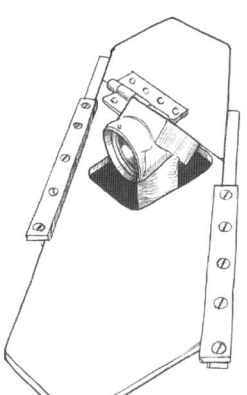

1943年1月頃の生産車から、照準器口には図のようなスライド式のカバーが設置されるようになった。

40cm幅の後期履帯

図16の車両が装着している後期履帯のバリエーションの一つ。ハの字状の滑り止めとその間に凹みが設けられている。

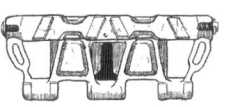
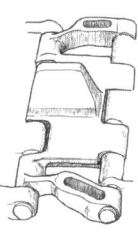

Sturmgeschütz III Ausf.G Early production model
78.Sturmdivision Summer of 1943 Eastern Front/Kursk

[図17]
Ⅲ号突撃砲G型 初期生産車
第78突撃師団所属車 1943年夏 東部戦線／クルスク

RAL7028ドゥンケルグェルブの基本色の上にRAL6003オリーブグリュンとRAL8017ロートブラウンを不規則に吹き付けた標準的な3色迷彩が施されている。車体前面は不明だが、車体側面と後面には国籍標識バルクンクロイツを含めたマーキングの類いは一切描かれていない。

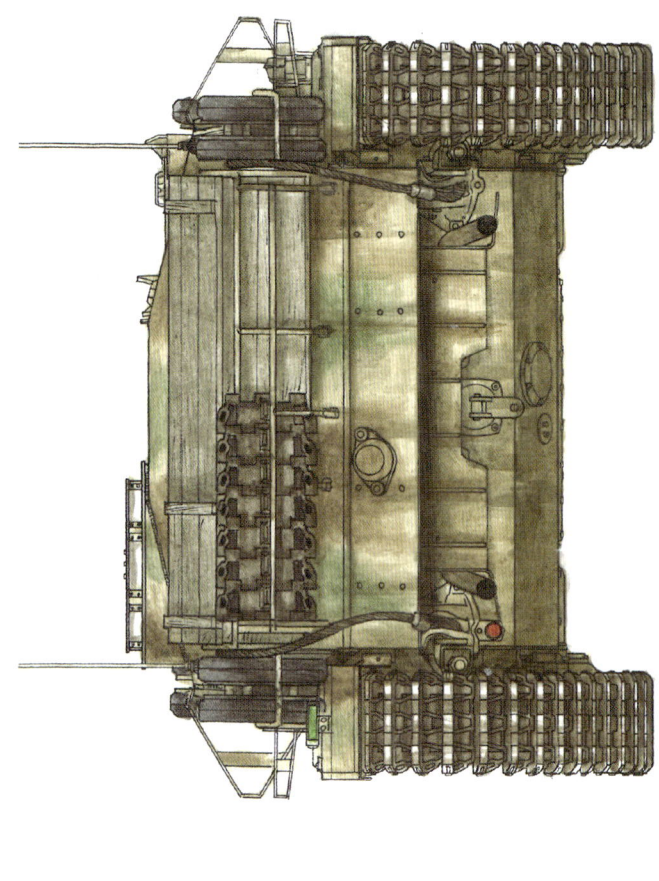

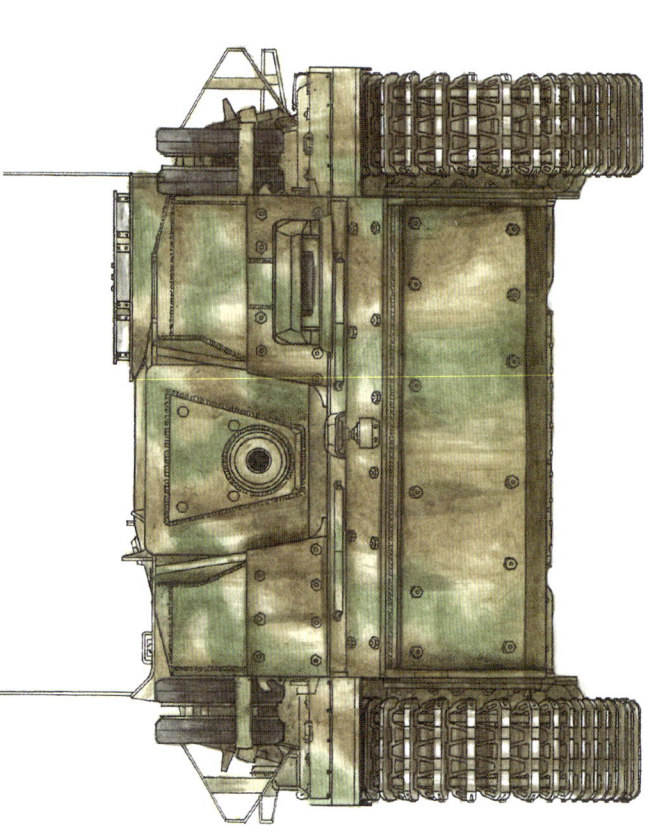

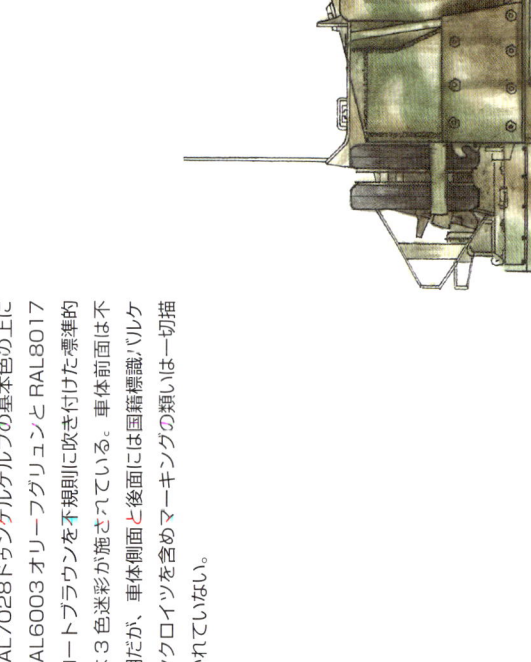

Sturmgeschütz III Ausf.G Early production model
1./Panzergrenadier Division Feldherrnhalle, No.113
July 1943 South France

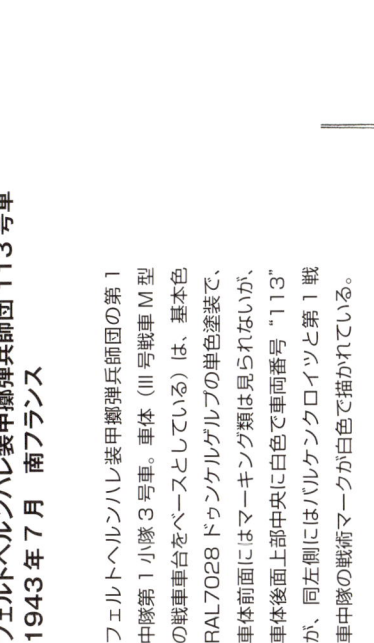

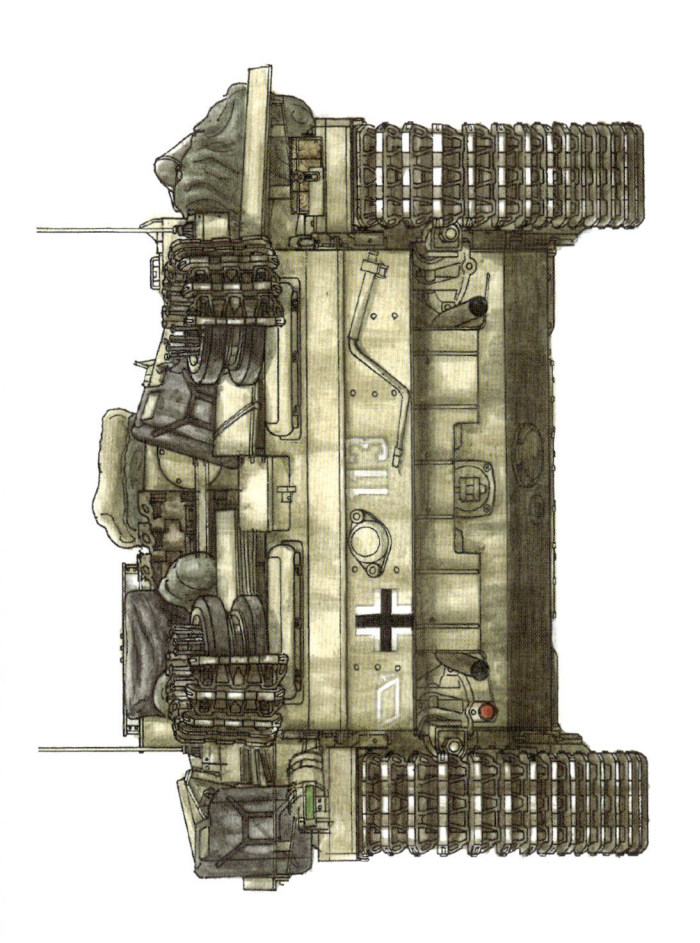

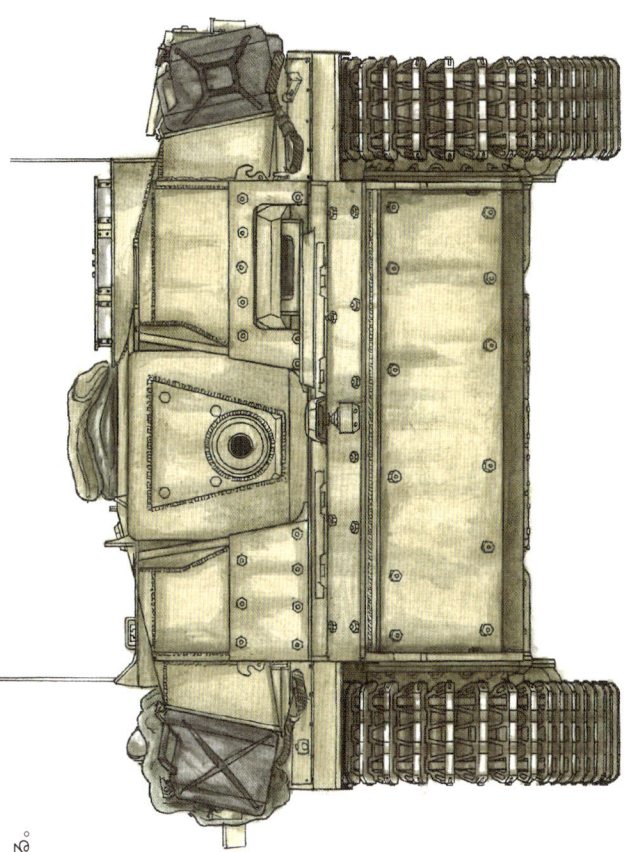

[図18]
Ⅲ号突撃砲G型
初期生産車

フェルトヘルンハレ装甲擲弾兵師団113号車
1943年7月 南フランス

フェルトヘルンハレ装甲擲弾兵師団の第1中隊第1小隊3号車。車体(Ⅲ号戦車M型の戦車台をベースとしている)は、基本色のRAL7028ドゥンケルゲルブの単色塗装で、車体前面にはマーキング類は見られないが、車体後面上部中央に白色で車両番号"113"が、同左側にはバルケンクロイツと第1戦車中隊の戦術マークが白色で描かれている。

[図17]
III号突撃砲G型 初期生産車　第78突撃師団所属車
StuG.III Ausf.G Early-model　78.StuG.Div.

機関室上面の最後部に大型の木箱を積んでいる。

機関室上面にシートを載せている。

車体各部の特徴

左右前部の形状を変更した標準タイプの戦闘室を持ち、ボルト留めの増加装甲板を装着した、1943年2月頃生産のG型初期生産車。履帯は40cm幅の初期標準タイプを装着している。

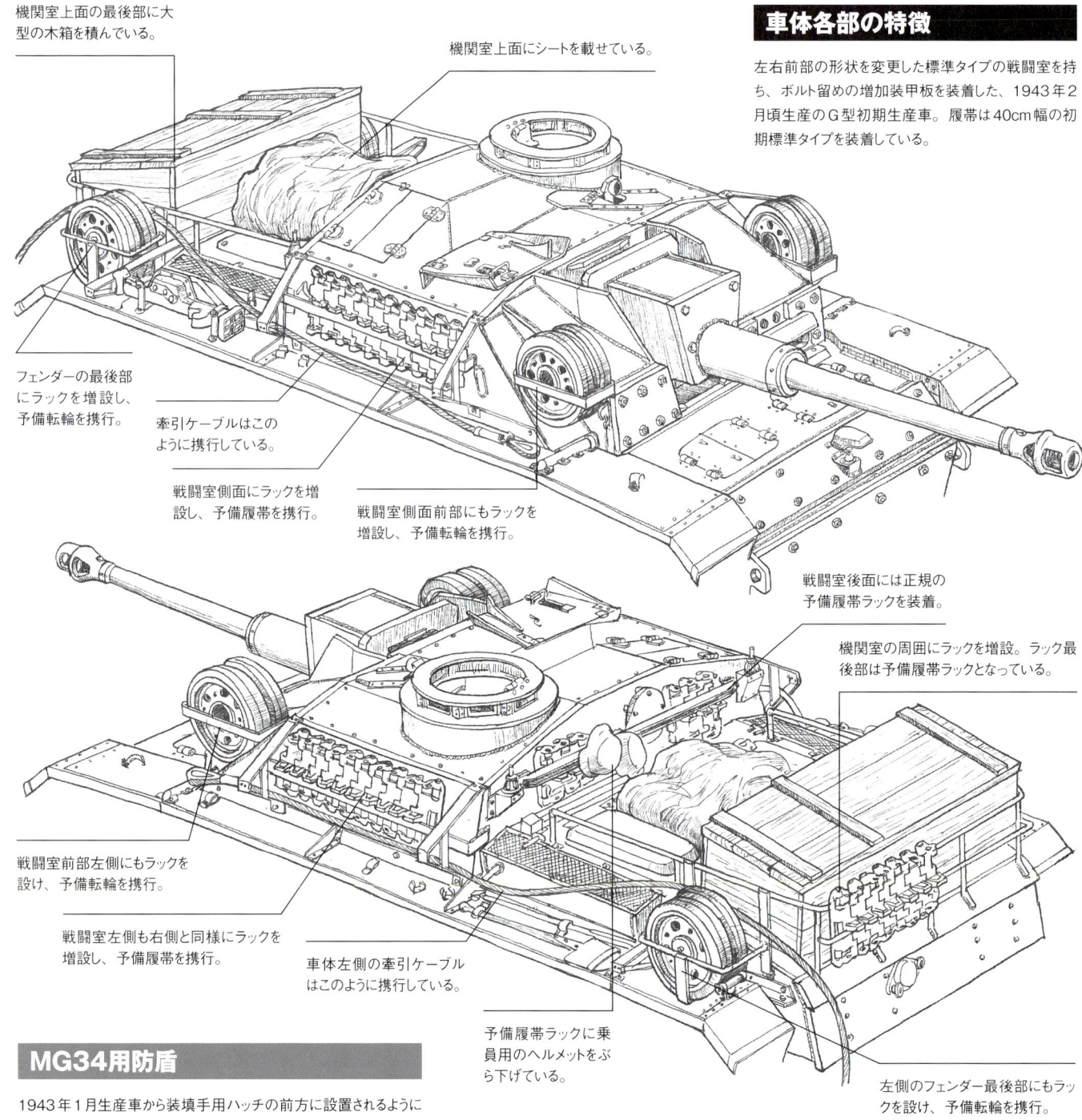

フェンダーの最後部にラックを増設し、予備転輪を携行。

牽引ケーブルはこのように携行している。

戦闘室側面にラックを増設し、予備履帯を携行。

戦闘室側面前部にもラックを増設し、予備転輪を携行。

戦闘室後面には正規の予備履帯ラックを装着。

機関室の周囲にラックを増設。ラック最後部は予備履帯ラックとなっている。

戦闘室前部左側にもラックを設け、予備転輪を携行。

戦闘室左側も右側と同様にラックを増設し、予備履帯を携行。

車体左側の牽引ケーブルはこのように携行している。

予備履帯ラックに乗員用のヘルメットをぶら下げている。

左側のフェンダー最後部にもラックを設け、予備転輪を携行。

MG34用防盾

1943年1月生産車から装填手用ハッチの前方に設置されるようになる。このMG34用防盾は既に生産されて部隊運用中のF/8型、G型に対してもレトロフィットされた。

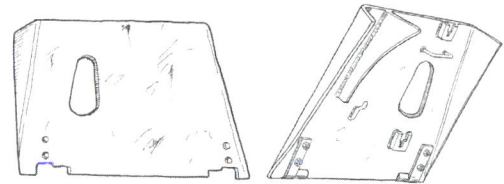

戦闘室後面の予備履帯ラック

図17の車両は、履帯のセンターガイドの上に固定バーを取り付けている。

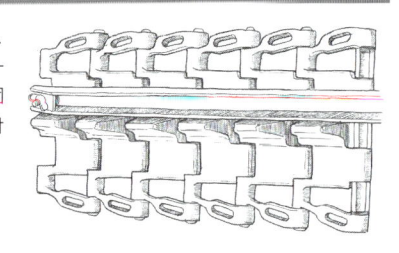

機関室上面の荷物用ラック

現地部隊が金属パイプなどで作製。後部両側に予備転輪、後面には予備履帯用のラックまで設けられた、凝った造りとなっている。

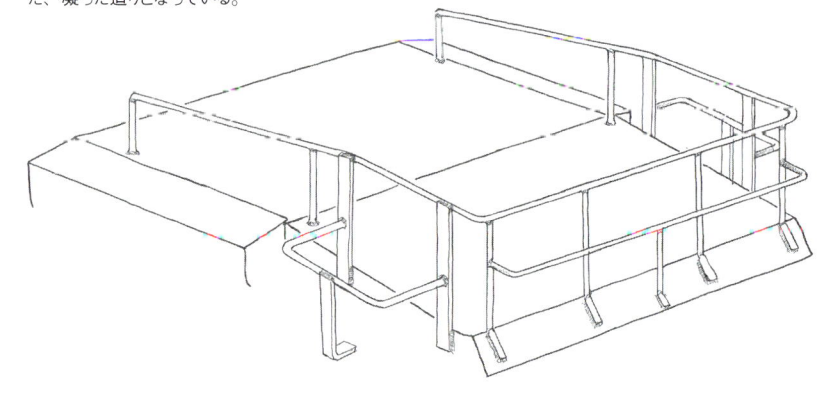

[図18]
III号突撃砲G型 初期生産車　フェルトヘルンハレ装甲擲弾兵師団113号車
StuG.III Ausf.G Early-model　1./Pz.Div. Feldherrnhalle, No.113

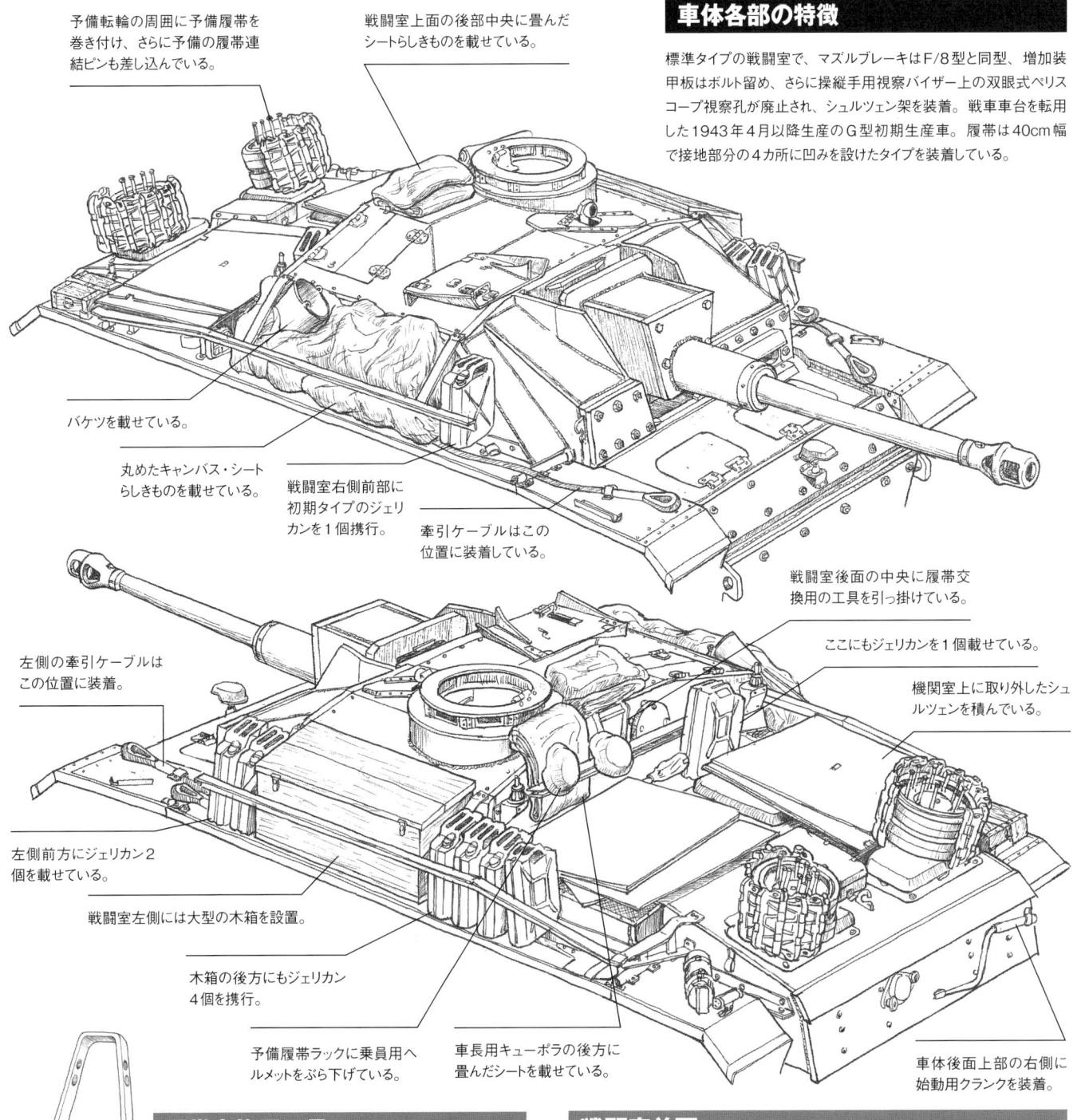

車体各部の特徴

標準タイプの戦闘室で、マズルブレーキはF/8型と同型、増加装甲板はボルト留め、さらに操縦手用視察バイザー上の双眼式ペリスコープ視察孔が廃止され、シュルツェン架を装着。戦車車台を転用した1943年4月以降生産のG型初期生産車。履帯は40cm幅で接地部分の4カ所に凹みを設けたタイプを装着している。

- 予備転輪の周囲に予備履帯を巻き付け、さらに予備の履帯連結ピンも差し込んでいる。
- 戦闘室上面の後部中央に畳んだシートらしきものを載せている。
- バケツを載せている。
- 丸めたキャンバス・シートらしきものを載せている。
- 戦闘室右側前部に初期タイプのジェリカンを1個携行。
- 牽引ケーブルはこの位置に装着している。
- 戦闘室後面の中央に履帯交換用の工具を引っ掛けている。
- 左側の牽引ケーブルはこの位置に装着。
- ここにもジェリカンを1個載せている。
- 機関室上に取り外したシュルツェンを積んでいる。
- 左側前方にジェリカン2個を載せている。
- 戦闘室左側には大型の木箱を設置。
- 木箱の後方にもジェリカン4個を携行。
- 予備履帯ラックに乗員用ヘルメットをぶら下げている。
- 車長用キューポラの後方に畳んだシートを載せている。
- 車体後面上部の右側に始動用クランクを装着。

履帯交換用工具

履帯交換時に使用する工具の一つで、この113号車のみならず、他の車両においても同工具を積んでいるのが確認できる。

車体前部

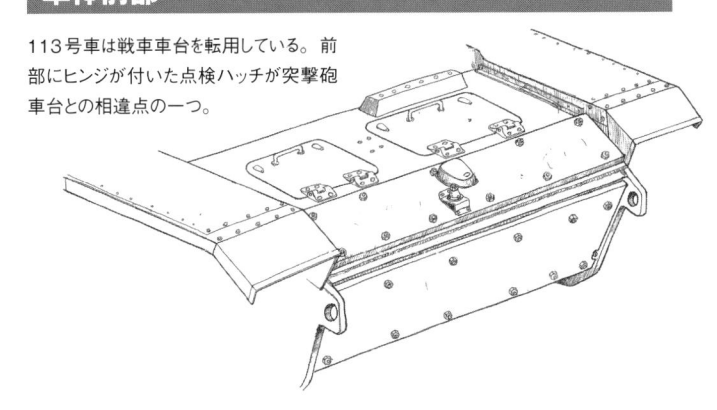

113号車は戦車車台を転用している。前部にヒンジが付いた点検ハッチが突撃砲車台との相違点の一つ。

戦闘室前面

1943年3月の生産車から操縦手用KFF2双眼式ペリスコープの廃止が決定し、左側の操縦手用視察バイザー上の視察孔も廃止される。それに伴い左側の操縦室前面の増加装甲板は1枚板となった。

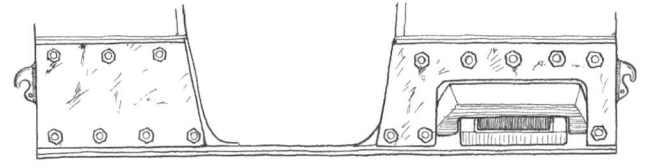

車体後面

113号車は、車体後面上部の右側に始動用クランクを装着。

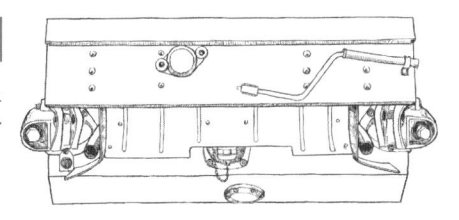

Sturmgeschütz III Ausf.G Early production model
I./Sturmgeschütz Abteilung 190, No.121
Autumn of 1943 Eastern Front

[図19]
Ⅲ号突撃砲G型
初期生産車

第190突撃砲大隊121号車
1943年秋　東部戦線

第190突撃砲大隊第1中隊の第2小隊長車。RAL7028ドゥンケルゲルプの基本色の上にRAL6003オリーブグリュンを吹き付けて迷彩を施している。戦闘室側面に取り付けられたシュルツェンに赤色の戦術マークと黒色の車両番号"121"が、車体前面上部の右側には大隊マークが描かれている。同車の後面車両番号は公表されていないが、部隊の他車両の例から車体後面上部の右側にも車両番号が描かれていたと推定した。

大隊マーク

Sturmgeschütz III Ausf.G Middle production model

Sturmgeschütz Abteilung 237
September 1943 Eastern Front/Orsza

[図20]

III号突撃砲G型 中期生産車

第237突撃砲大隊所属車　1943年9月　東部戦線／オルシャ

RAL7028ドゥンケルゲルプの基本色の上に迷彩色のRAL6003オリーブグリュンとRAL8017ロートブラウンを吹き付けた3色迷彩が施されている。シュルツェンと車体後面上部の左側に国籍標識のバルケンクロイツが描かれ、さらに後面の上部には大隊マークと"Jungs holt fast !"の文字が描き込まれている。

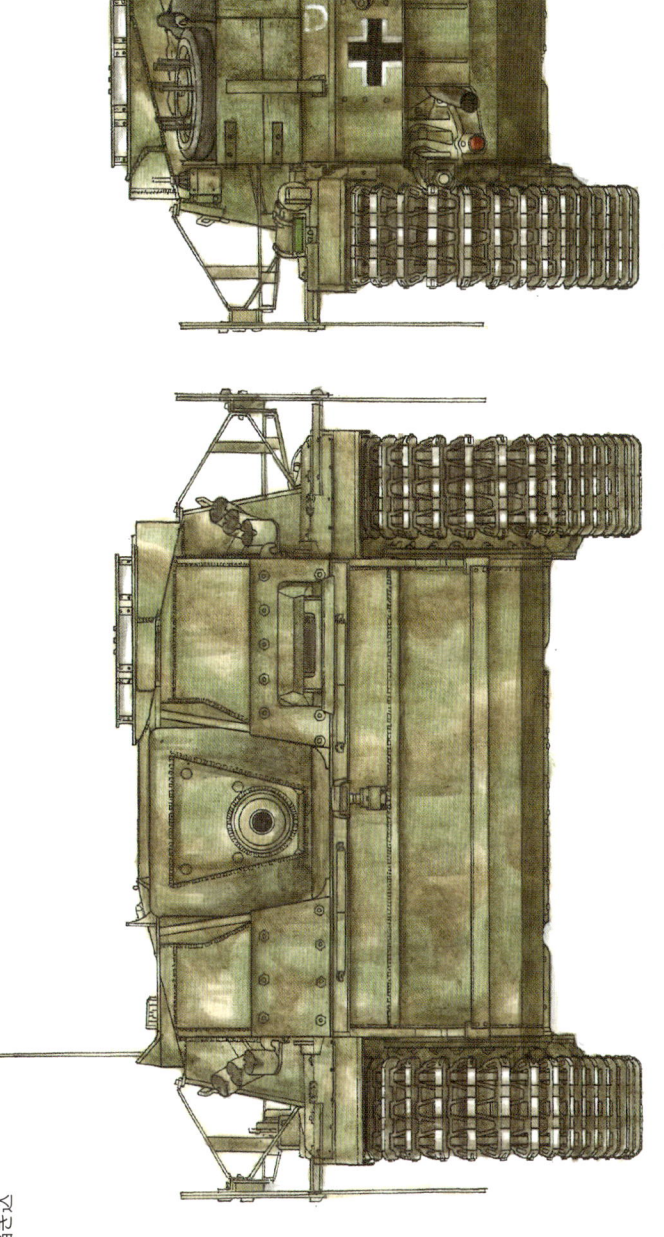

大隊マーク

[図19]

III号突撃砲G型 初期生産車　第190突撃砲大隊121号車
StuG.III Ausf.G Early-model 1./StuG.Abt.190, No.121

大型木箱の前には小型の木箱を載せている。

増設されたラック内に予備転輪も携行。

ここには中型サイズの木箱を載せている。

戦闘室側面前部に予備転輪ホルダーを取り付け、予備転輪を装着。

車体各部の特徴

標準タイプの戦闘室を持ち、マズルブレーキはF/8型と同型。履帯は40cm幅の初期標準タイプを装着。ボルト留めの増加装甲板を装着し、操縦手用バイザー上の視察孔は塞がれている。1943年3月頃に生産されたと思われるG型初期生産車で、部隊配備後に部隊独自の手法でシュルツェンの装着、同軸機銃の装備を行っている。

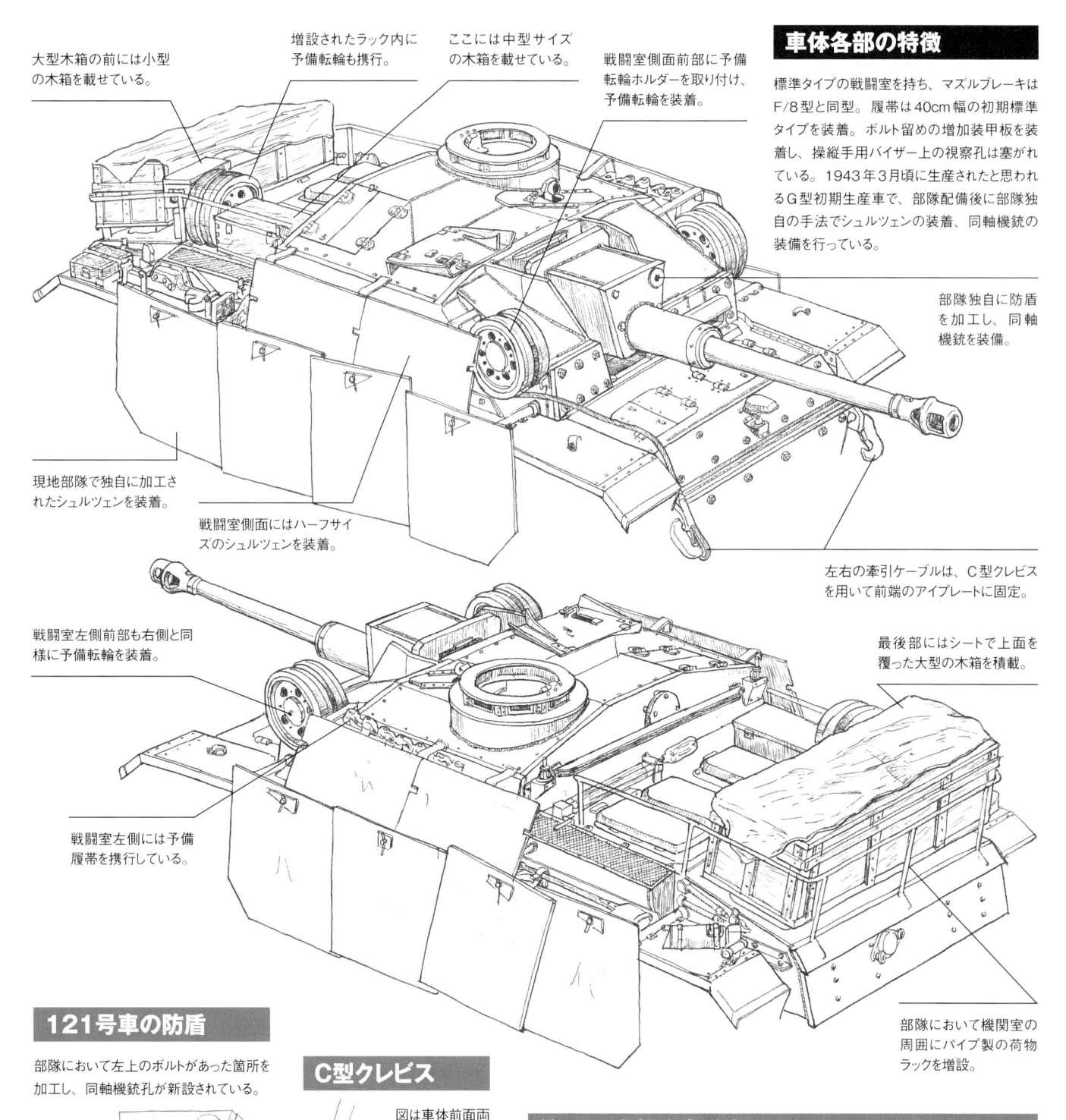

部隊独自に防盾を加工し、同軸機銃を装備。

現地部隊で独自に加工されたシュルツェンを装着。

戦闘室側面にはハーフサイズのシュルツェンを装着。

戦闘室左側前部も右側と同様に予備転輪を装着。

左右の牽引ケーブルは、C型クレビスを用いて前端のアイプレートに固定。

最後部にはシートで上面を覆った大型の木箱を積載。

戦闘室左側には予備履帯を携行している。

部隊において機関室の周囲にパイプ製の荷物ラックを増設。

121号車の防盾

部隊において左上のボルトがあった箇所を加工し、同軸機銃孔が新設されている。

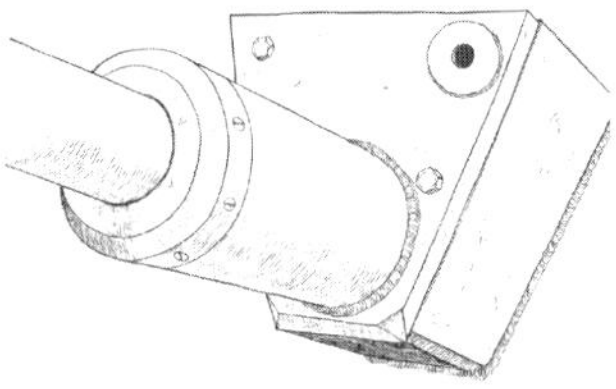

C型クレビス

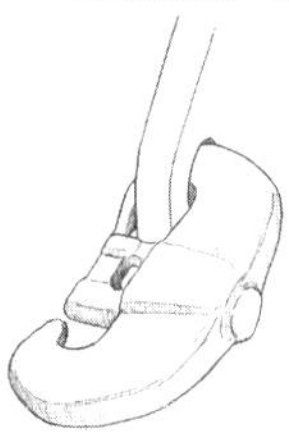

図は車体前面両側のアイプレートに引っ掛けた状態を示す。

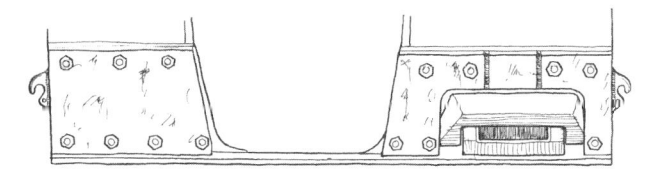

第190突撃砲大隊車両のシュルツェン架

部隊が独自に作製したシュルツェン架は、おそらく図のような構造と思われる。全体図では上部最前部の1本だけを前寄りに配置しているが、これは予備履帯と干渉しないように推定で描いたもので、他の車両は、この図のように設置していた。

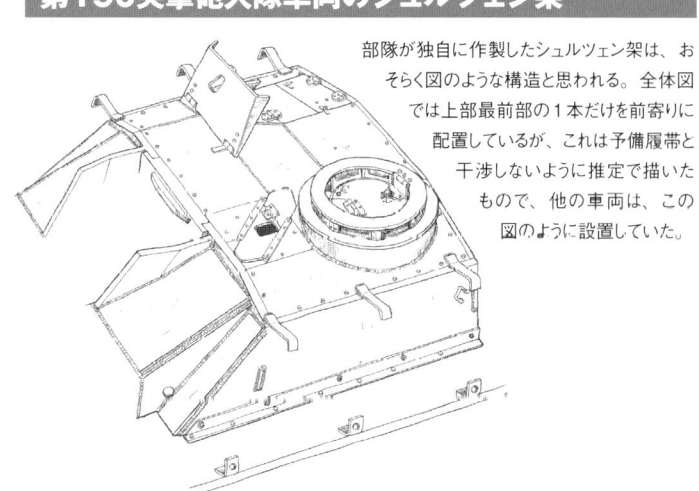

戦闘室前面

操縦手用ペリスコープの廃止に伴い、2分割式増加装甲板を装着していた車両は、視察孔部分にも装甲板を溶接し、視察孔を塞いでいる。

〔図20〕
Ⅲ号突撃砲G型 中期生産車　第237突撃砲大隊所属車
StuG.III Ausf.G Mid-model StuG.Abt.237

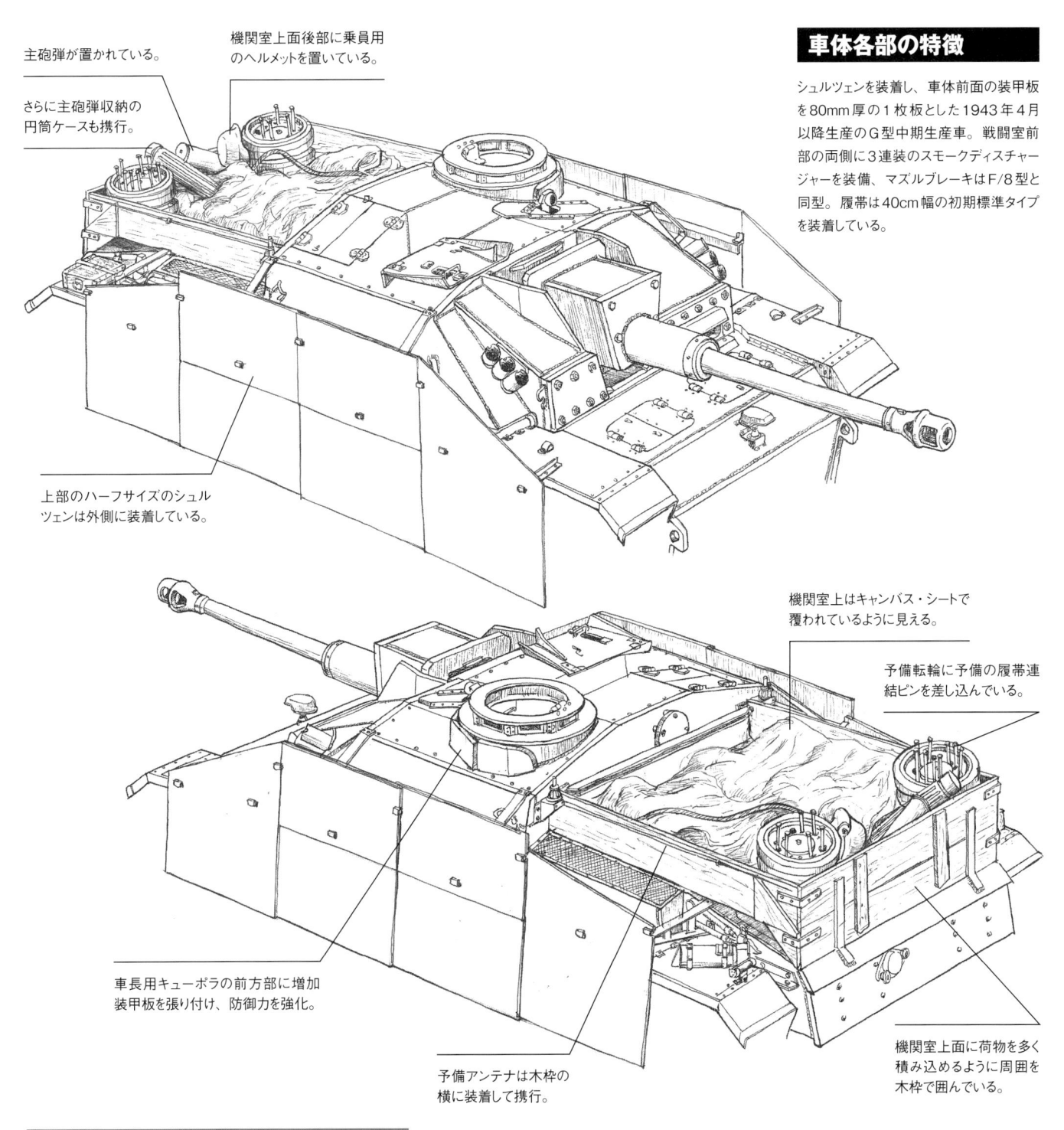

主砲弾が置かれている。

さらに主砲弾収納の円筒ケースも携行。

機関室上面後部に乗員用のヘルメットを置いている。

車体各部の特徴

シュルツェンを装着し、車体前面の装甲板を80mm厚の1枚板とした1943年4月以降生産のG型中期生産車。戦闘室前部の両側に3連装のスモークディスチャージャーを装備、マズルブレーキはF/8型と同型。履帯は40cm幅の初期標準タイプを装着している。

上部のハーフサイズのシュルツェンは外側に装着している。

機関室上はキャンバス・シートで覆われているように見える。

予備転輪に予備の履帯連結ピンを差し込んでいる。

車長用キューポラの前方部に増加装甲板を張り付け、防御力を強化。

予備アンテナは木枠の横に装着して携行。

機関室上面に荷物を多く積み込めるように周囲を木枠で囲んでいる。

戦闘室

車長用キューポラの増加装甲板は、図のように取り付けられていたものと思われる。前部左右に設置されたスモークディスチャージャーは、1943年2月に導入されるが、早くも5月に廃止が決定している。

車体前部

1943年4月の生産車から車体前面の装甲板は80mm厚の1枚板になる。ただし、在庫パーツなどがあるうちは50mm厚の基本装甲の上に30mm厚増加装甲板を装着した旧仕様も造られている。

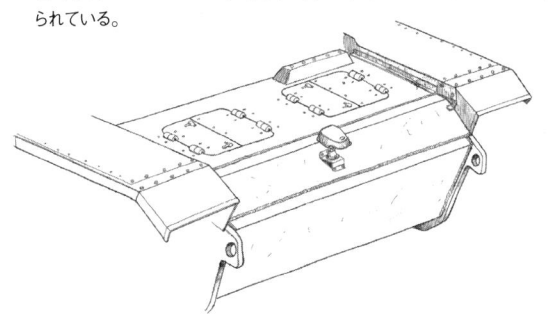

7.5cm砲弾用の密閉式円筒ケース

機関室上面に載せられているケースで、砲弾1発を収納するコンテナケースである。

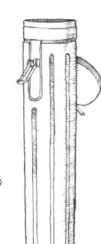

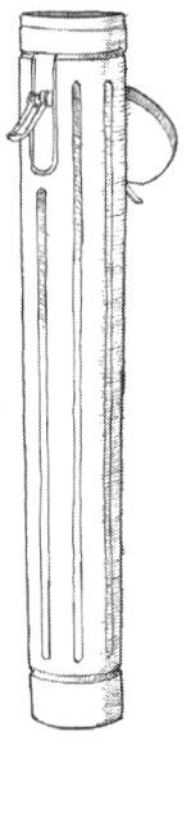

Sturmgeschütz III Ausf.G Early production model

Sturmgeschütz Abteilung 244, No.109
Autumn of 1943 Eastern Front

[図21]

Ⅲ号突撃砲G型
初期生産車

第244突撃砲大隊109号車
1943年秋　東部戦線

基本色RAL7028ドゥンケルゲルプと迷彩色RAL6003オリーフグリュン、RAL8017ロートブラウンの3色迷彩が施されている。車体後面上部の左側に大隊マークと国籍標識のバルケンクロイツ、同中央には白縁のみの書体で車両番号"109"が描かれている

Sturmgeschütz III Ausf.G Early production model
Sturmgeschütz Abteilung 667
October 1943 Eastern Front / Smolensk

[図22]

Ⅲ号突撃砲G型
初期生産車

第667突撃砲大隊所属車
1943年10月 東部戦線/スモレンスク

車体は、基本色RAL7028 ドゥンケルゲルプの単色塗装。車体前面上部右端に戦術マーク（矩形の内側に大隊番号の"667"を記入）を、左端には製造番号の"95078"（これによりMIAG社製と分かる）が白色で描かれている。

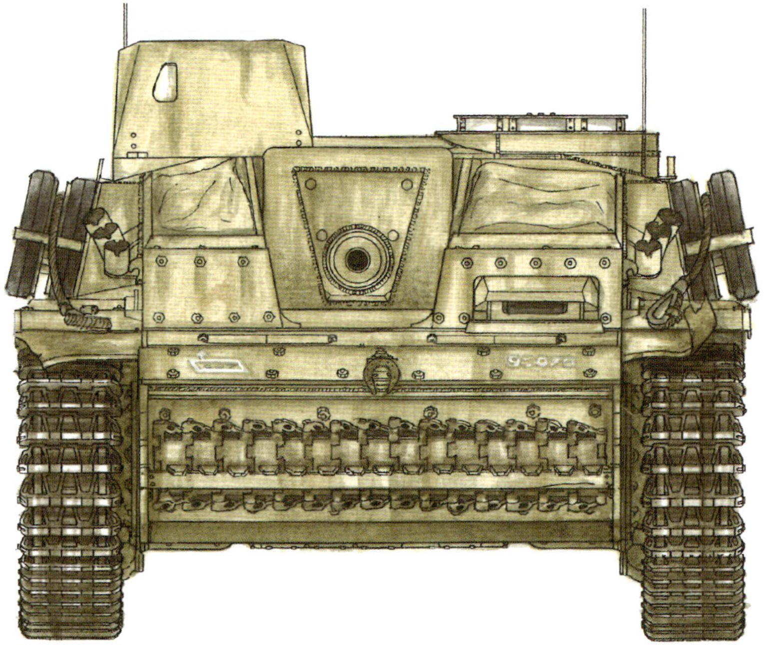

III号突撃砲G型 初期生産車　第244突撃砲大隊109号車
StuG.III Ausf.G Early-model　StuG.Abt.244, No.109

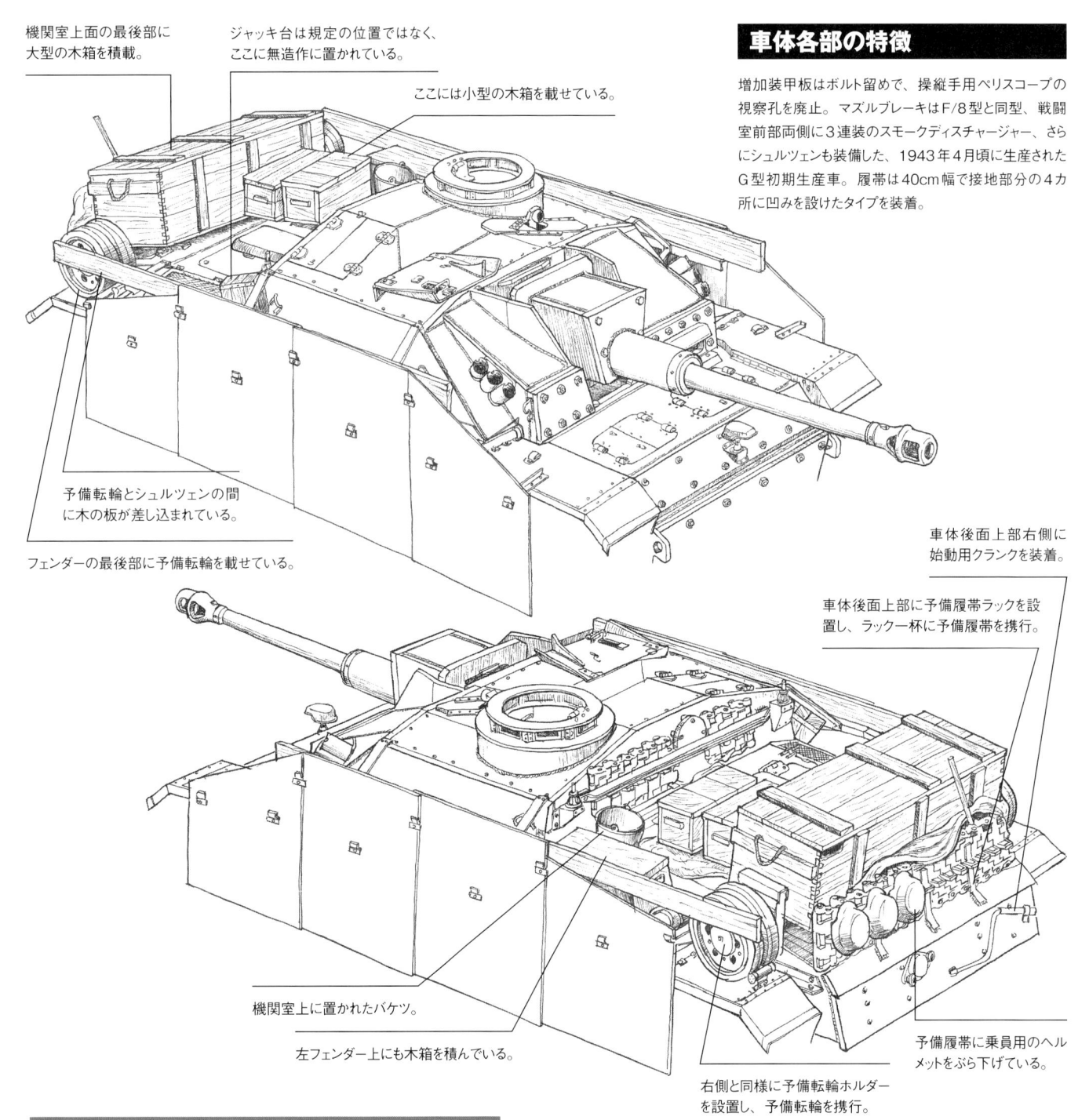

機関室上面の最後部に大型の木箱を積載。

ジャッキ台は規定の位置ではなく、ここに無造作に置かれている。

ここには小型の木箱を載せている。

車体各部の特徴

増加装甲板はボルト留めで、操縦手用ペリスコープの視察孔を廃止。マズルブレーキはF/8型と同型、戦闘室前部両側に3連装のスモークディスチャージャー、さらにシュルツェンも装備した、1943年4月頃に生産されたG型初期生産車。履帯は40cm幅で接地部分の4カ所に凹みを設けたタイプを装着。

予備転輪とシュルツェンの間に木の板が差し込まれている。

フェンダーの最後部に予備転輪を載せている。

車体後面上部右側に始動用クランクを装着。

車体後面上部に予備履帯ラックを設置し、ラック一杯に予備履帯を携行。

機関室上に置かれたバケツ。

左フェンダー上にも木箱を積んでいる。

予備履帯に乗員用のヘルメットをぶら下げている。

右側と同様に予備転輪ホルダーを設置し、予備転輪を携行。

109号車の車体後面

109号車の排気ディフレクターは中央部に凹みのない（代わりに小さな孔が開いている）珍しいタイプで、補強リブも設けられていないようだ。予備履帯ラックは単に板金を溶接しただけの簡単な造り。

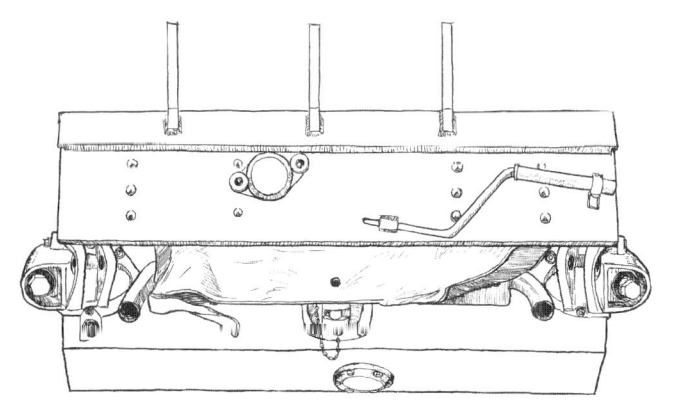

40cm幅履帯のバリエーション

接地部分の前後4カ所に凹みを設けたタイプで、図21の109号車の他に図13、図18、図22の車両もこのタイプの履帯を装着。

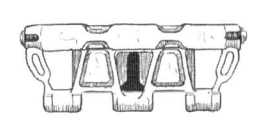

109号車のシュルツェン固定具

シュルツェン架の下側に脱落防止用の板金をボルト留めしている。

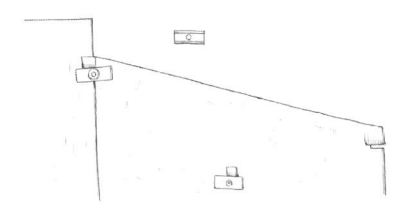

[図22]

III号突撃砲G型 初期生産車　第667突撃砲大隊所属車
StuG.III Ausf.G Early-model　StuG.Abt.667

車体各部の特徴

増加装甲板はボルト留めで、操縦手用ペリスコープの視察孔を廃止。マズルブレーキはF/8型と同型、戦闘室前部の両側に3連装のスモークディスチャージャーを装備した、1943年3月頃に生産されたG型初期生産車。シュルツェンは装備しておらず、履帯は40cm幅で接地部分の4カ所に凹みを設けたタイプを装着している。

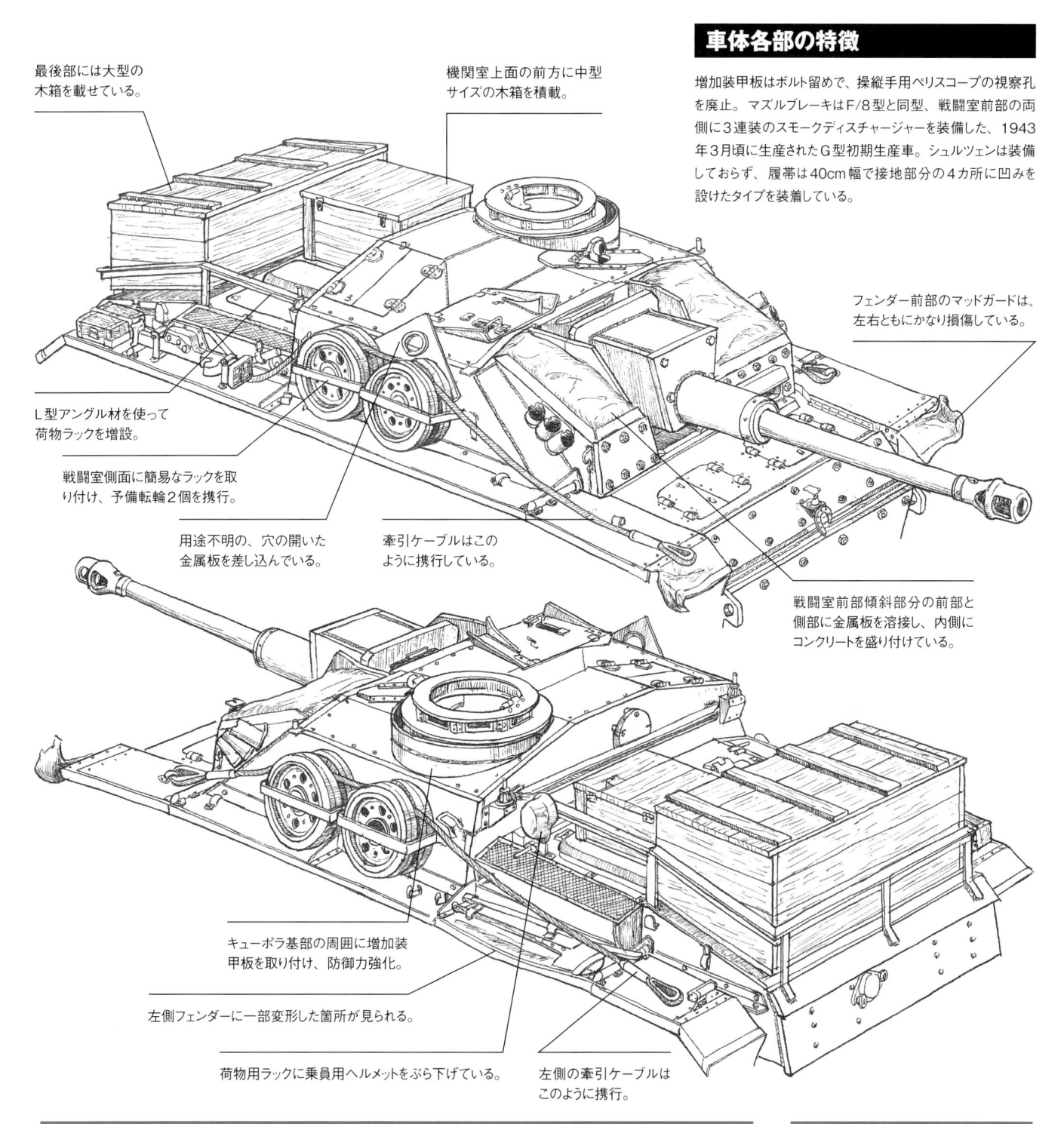

- 最後部には大型の木箱を載せている。
- 機関室上面の前方に中型サイズの木箱を積載。
- フェンダー前部のマッドガードは、左右ともにかなり損傷している。
- L型アングル材を使って荷物ラックを増設。
- 戦闘室側面に簡易なラックを取り付け、予備転輪2個を携行。
- 用途不明の、穴の開いた金属板を差し込んでいる。
- 牽引ケーブルはこのように携行している。
- 戦闘室前部傾斜部分の前部と側部に金属板を溶接し、内側にコンクリートを盛り付けている。
- キューポラ基部の周囲に増加装甲板を取り付け、防御力強化。
- 左側フェンダーに一部変形した箇所が見られる。
- 荷物用ラックに乗員用ヘルメットをぶら下げている。
- 左側の牽引ケーブルはこのように携行。

戦闘室

前部上面両側の前部と側部に金属板を装着し、コンクリートを盛り付けている。さらに車長用キューポラの周囲には増加装甲板を溶接留めして防御力を高めている。

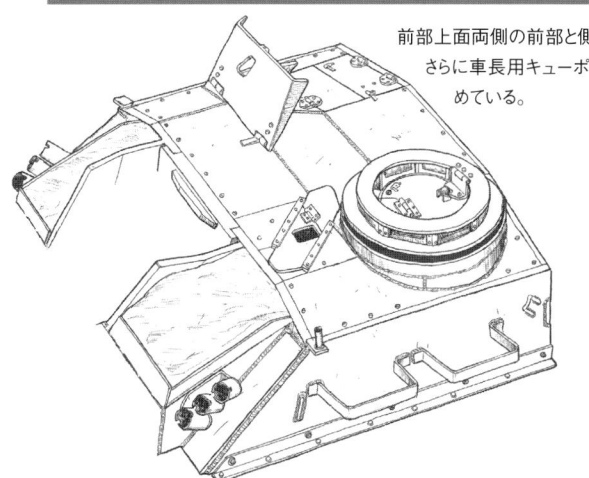

牽引ケーブルの固定具

牽引ケーブルのアイ部分を前部の固定具に取り付けた状態を示す。

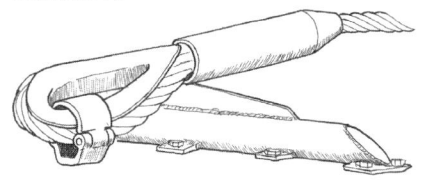

ノテックライトの基部

車体前面上部のノテックライトは、本体が紛失し、基部だけが残っている。基部にはお守りの意味の蹄鉄を装着。

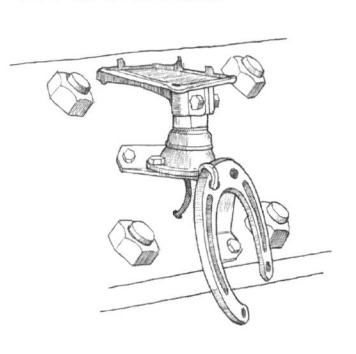

Sturmgeschütz III Ausf.G Early production model
Unit Unknown　Summer of 1943　Eastern Front

[図23]
Ⅲ号突撃砲G型 初期生産車
所属部隊不明　1943年夏　東部戦線

車体(戦車台ベース)は、基本色RAL7028 ドゥンケルゲルプの単色塗装。戦闘室側面と車体後面上部に国籍標識のバルケンクロイツが描かれているのみで、他のマーキングは見られない。

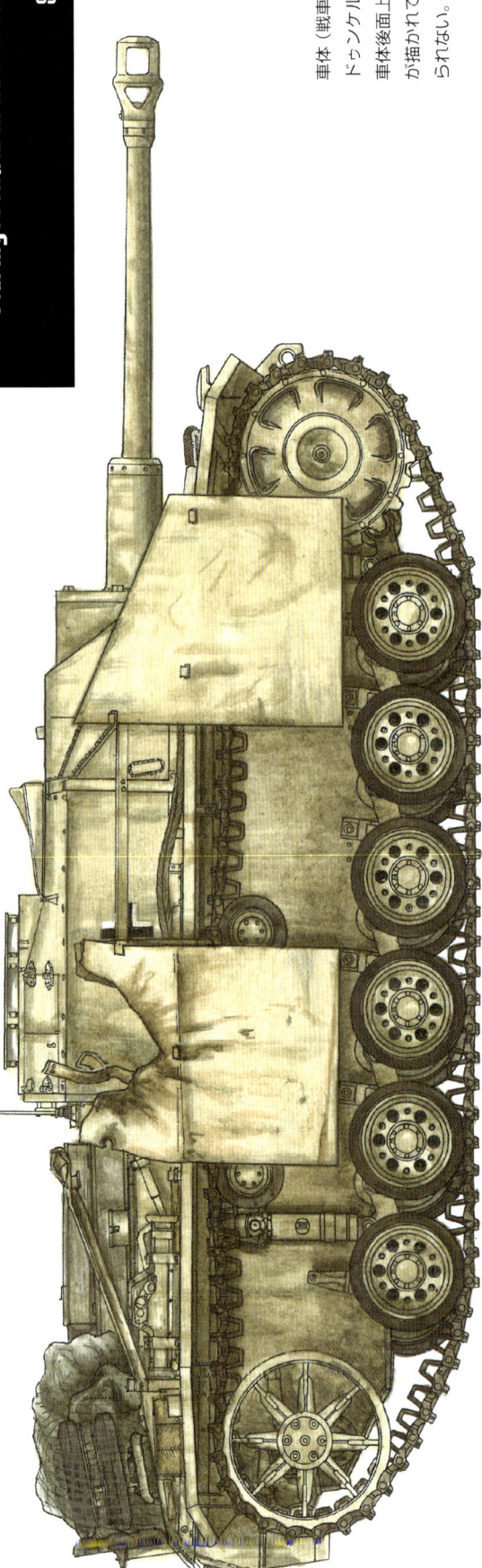

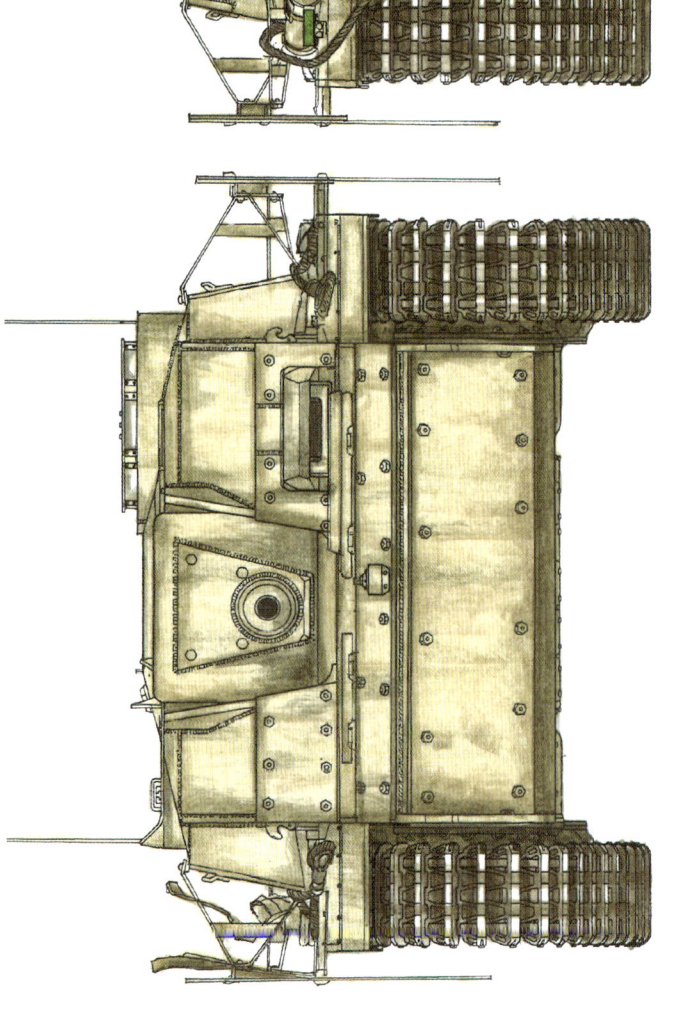

Sturmgeschütz III Ausf.G Middle production model

1./Panzerabteilung 5, 25.Panzergrenadier Division,, No.111
October 1943 Eastern Front/Smolensk

[図24]
Ⅲ号突撃砲G型 中期生産車

第25装甲擲弾兵師団第5戦車大隊111号車
1943年10月 東部戦線/スモレンスク

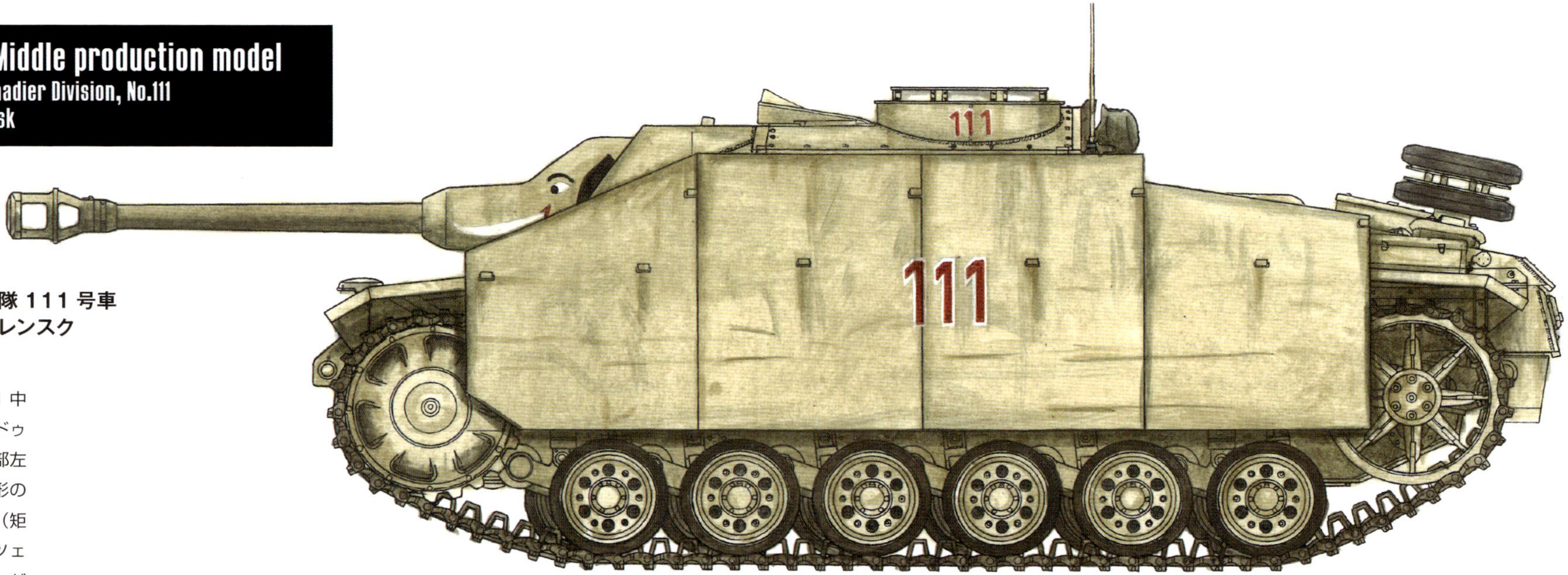

第25装甲擲弾兵師団第5戦車大隊第1中隊の第1小隊長車。車体は、RAL7028ドンケルゲルブの単色塗装で、車体前面上部左側と車体後面上部右側に師団マーク（山形の中に点を配置）と戦車中隊の戦術マーク（短形の中に"I"）を白色で記入。シュルツェンには白縁付き赤色の車両番号"111"が大きく、またキューポラ側面にも小さく描き込まれている。ツィンメリットコーティング（防盾）を象の頭に見立ててマーキングが施されているが、これは111号車だけでなく、他の車両にもよく見られる。

49

[図23]
III号突撃砲G型 初期生産車　所属部隊不明
StuG.III Ausf.G Early-model Unit Unknown

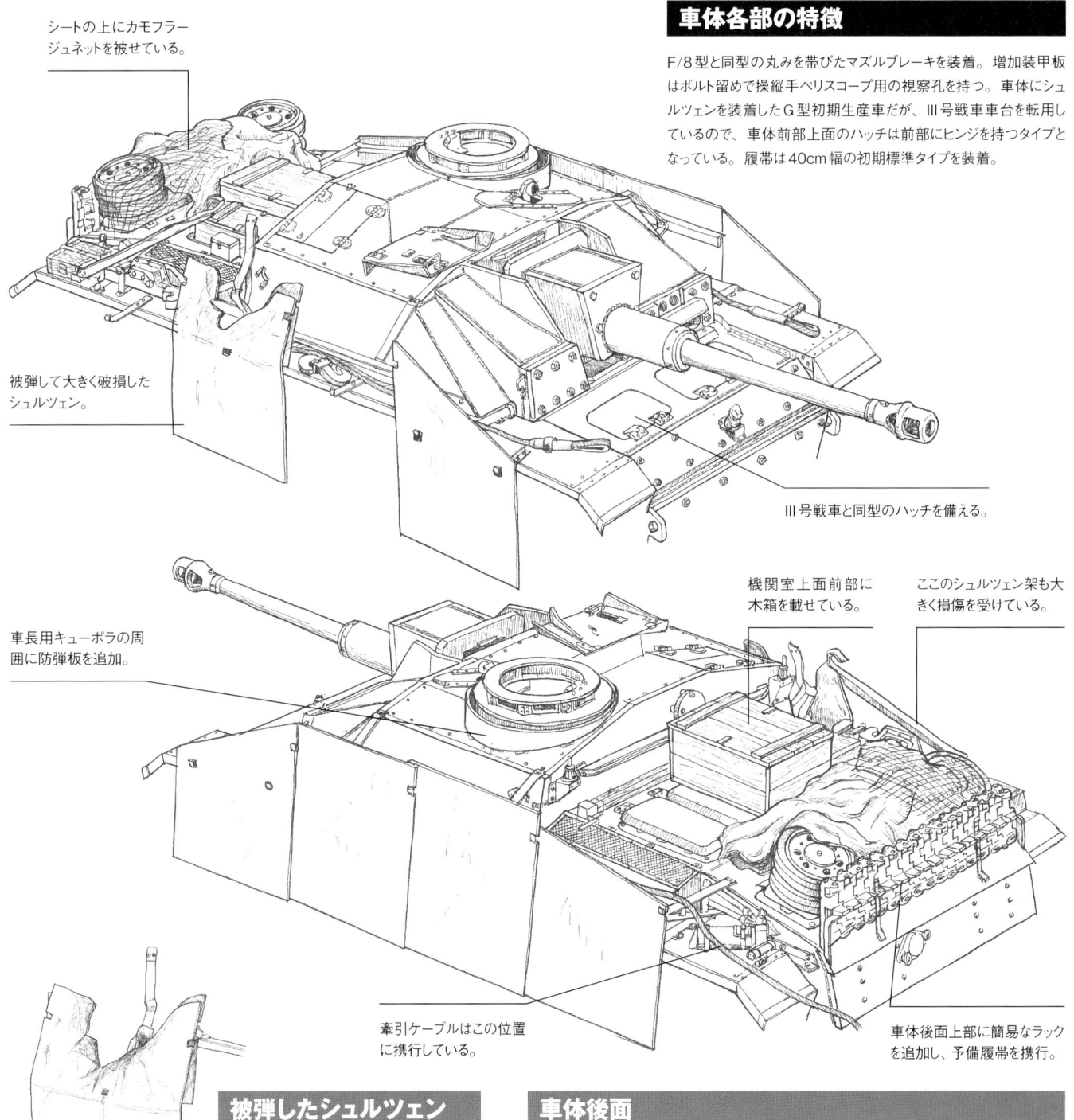

シートの上にカモフラージュネットを被せている。

車体各部の特徴

F/8型と同型の丸みを帯びたマズルブレーキを装着。増加装甲板はボルト留めで操縦手ペリスコープ用の視察孔を持つ。車体にシュルツェンを装着したG型初期生産車だが、III号戦車車台を転用しているので、車体前部上面のハッチは前部にヒンジを持つタイプとなっている。履帯は40cm幅の初期標準タイプを装着。

被弾して大きく破損したシュルツェン。

III号戦車と同型のハッチを備える。

車長用キューポラの周囲に防弾板を追加。

機関室上面前部に木箱を載せている。

ここのシュルツェン架も大きく損傷を受けている。

牽引ケーブルはこの位置に携行している。

車体後面上部に簡易なラックを追加し、予備履帯を携行。

被弾したシュルツェン

爆発の跡が見られないので、命中したのは徹甲弾で、口径は75mmクラスと思われる。斜め前方から命中した砲弾はシュルツェンとラックを引き裂いて通過していったようだ。

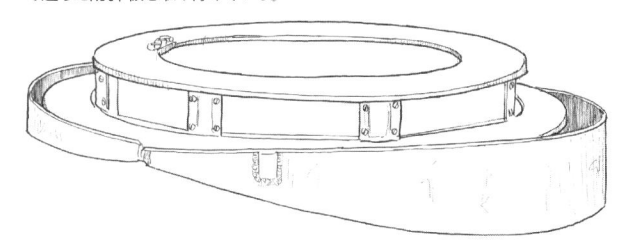

車体後面

予備履帯のラックは、このような簡易な造り。横に置いた板で予備履帯を支え、縦の板を履帯のセンターガイドの穴に通して固定している。

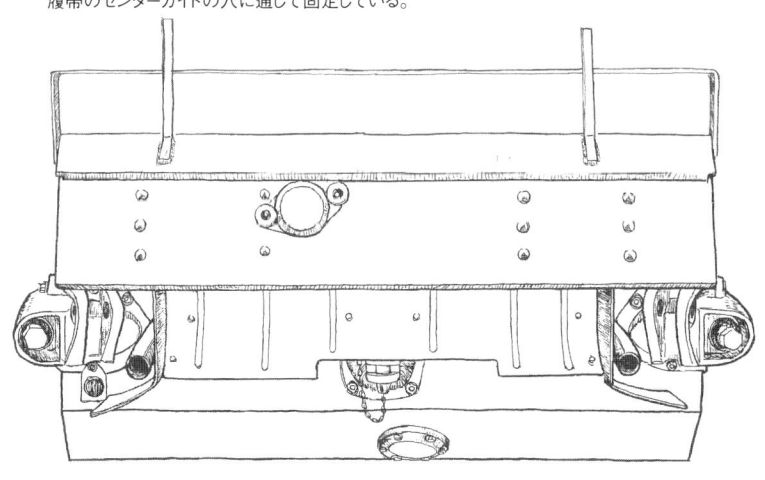

車長用キューポラ

図23の車両は、車長用キューポラの周囲に空間を開けて囲むように薄い鋼板で造った防弾板を取り付けている。

[図24]
Ⅲ号突撃砲G型 中期生産車　第25装甲擲弾兵師団第5戦車大隊111号車
StuG.III Ausf.G Mid-model 1./ Pz.Abt.5, 25.Pz.Div., No.111

車体各部の特徴

車体前面は80mm厚の1枚板。操縦手用ペリスコープの視察孔を廃止し、戦闘室前面左側の増加装甲板も1枚板に。さらにシュルツェンを装着し、マズルブレーキは両側に張り出しを設けた新型タイプ、また防盾も新型の鋳造式ザウコプフとした1943年10月頃生産のアルケット社製G型中期生産車。履帯は40cm幅の初期標準タイプを装着している。

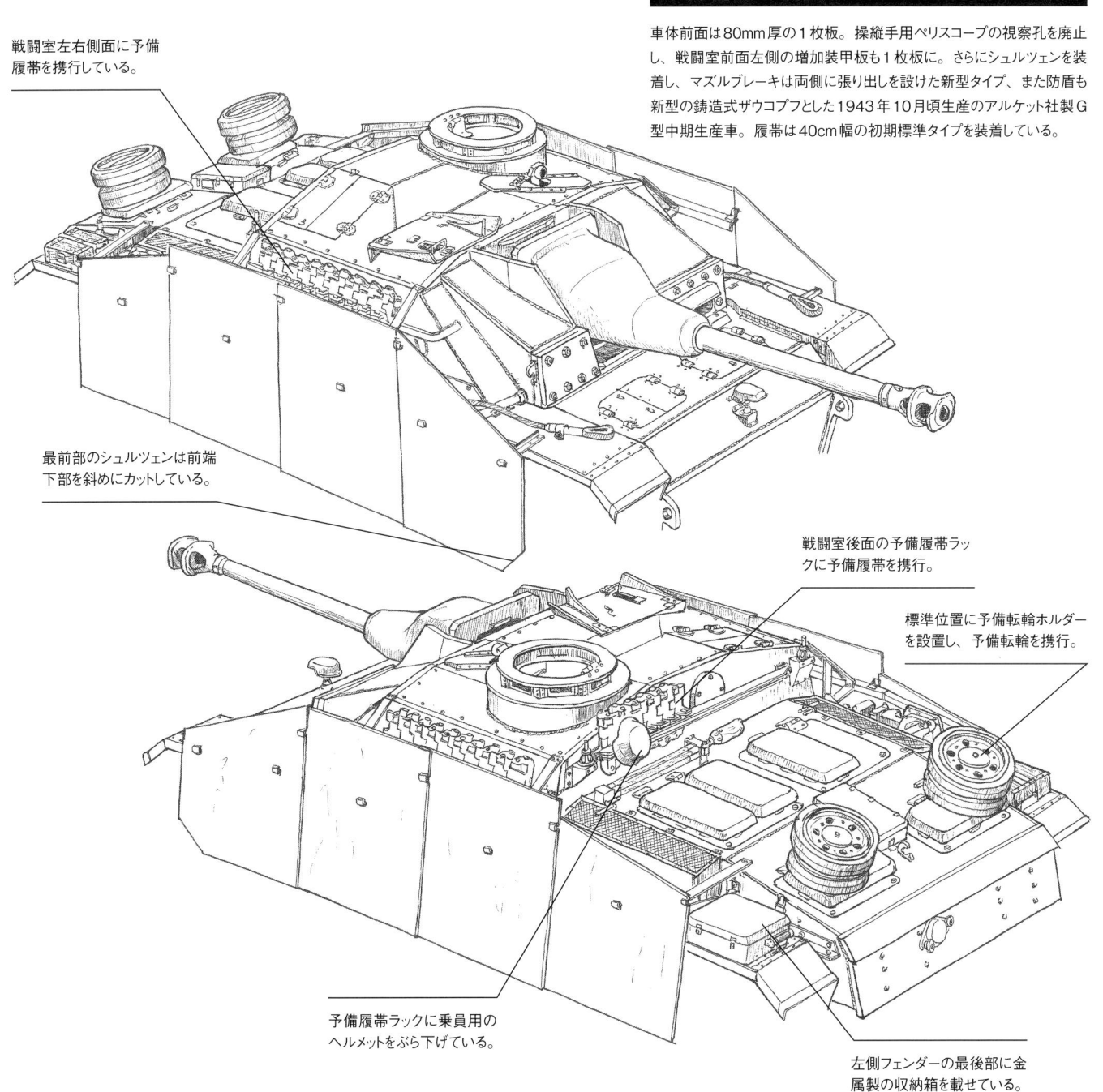

戦闘室左右側面に予備履帯を携行している。

最前部のシュルツェンは前端下部を斜めにカットしている。

戦闘室後面の予備履帯ラックに予備履帯を携行。

標準位置に予備転輪ホルダーを設置し、予備転輪を携行。

予備履帯ラックに乗員用のヘルメットをぶら下げている。

左側フェンダーの最後部に金属製の収納箱を載せている。

中期生産車の機関室上面

アルケット社では1943年5月頃、MIAG社では7月頃の生産車から機関室上面と車体側面板を噛み合わせ式に溶接接合するようになる。

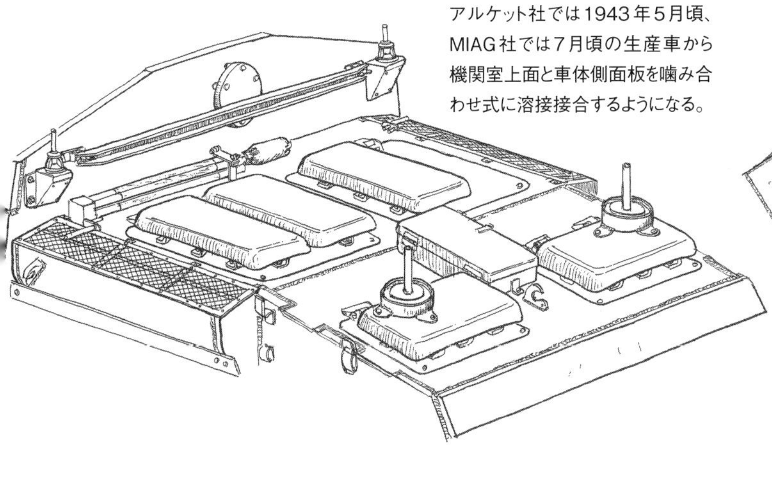

111号車の戦闘室

戦闘室側面に予備履帯ラックを増設。ラックの前端は図のようにひねりを加えて前面部分に溶接されている。

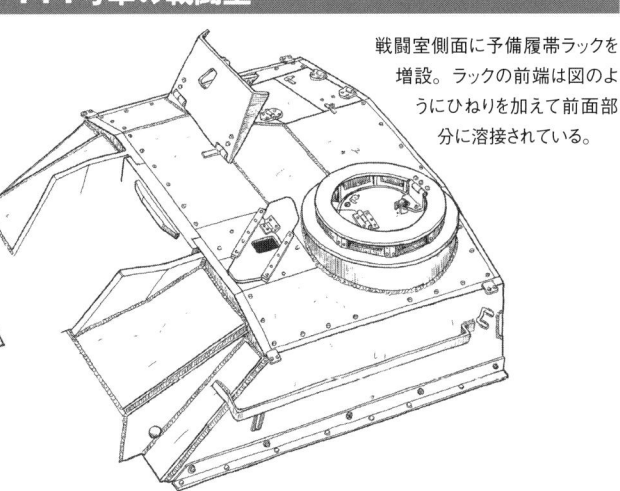

Sturmgeschütz III Ausf.G Early production model
2./Panzerregiment 2, 3.Panzergrenadier Division, No.211
November 1943 Italian Front / Roma

[図25]

III号突撃砲G型 初期生産車

第3装甲擲弾兵師団第2戦車連隊第3大隊211号車
1943年11月 イタリア/ローマ

写真からは迷彩塗装は、はっきりしないが、図ではRAL7028 ドゥンケルゲルプの基本色の上にRAL6003 オリーブグリュンを薄く吹き付けた2色迷彩と想定している。戦闘室側面の予備転輪ラックに板を取り付け、そこに"211"の車両番号を黒縁付きの白数字で描き込んでいるのが特徴。その他のマーキング類は一切描かれていない。

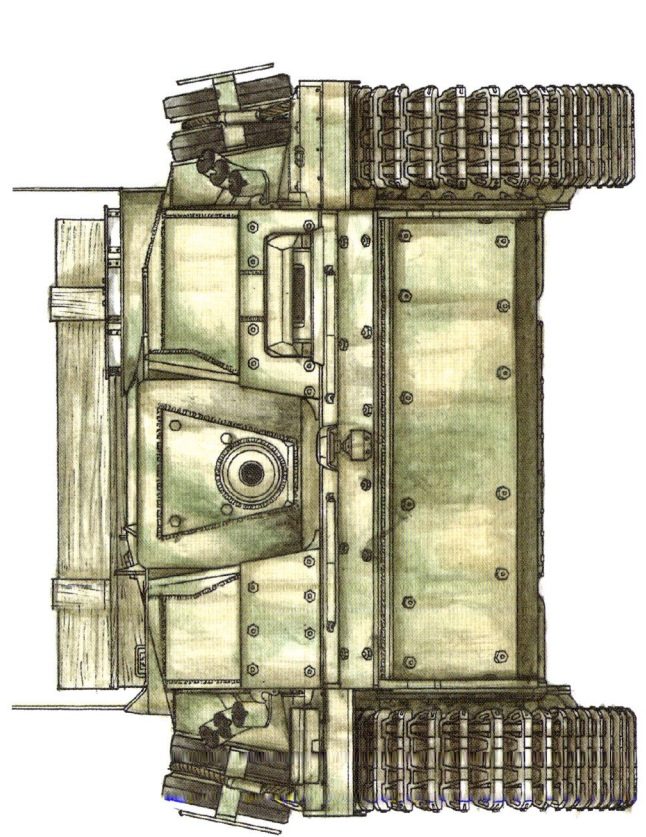

Sturmgeschütz III Ausf.G Early production model/ Befehlswagen
Panzerabteilung Rodos, No.100
November 1943 Greece/Rodos

[図26]
Ⅲ号突撃砲G型 初期生産車 指揮車型
1943年11月 ギリシャ/ロードス島
ロードス戦車大隊100号車

[図10]のF/8型と同じく基本色RAL8020ブラウンと迷彩色RAL7027グラウの北アフリカ/熱帯地塗装が施されているものと思われる。シュルツェンの車両番号"100"は黒縁のみの書体が使用されており、車体前面上部と車体後直上部に大隊マーク及び第1中隊(突撃砲)の戦術マークが描かれている。

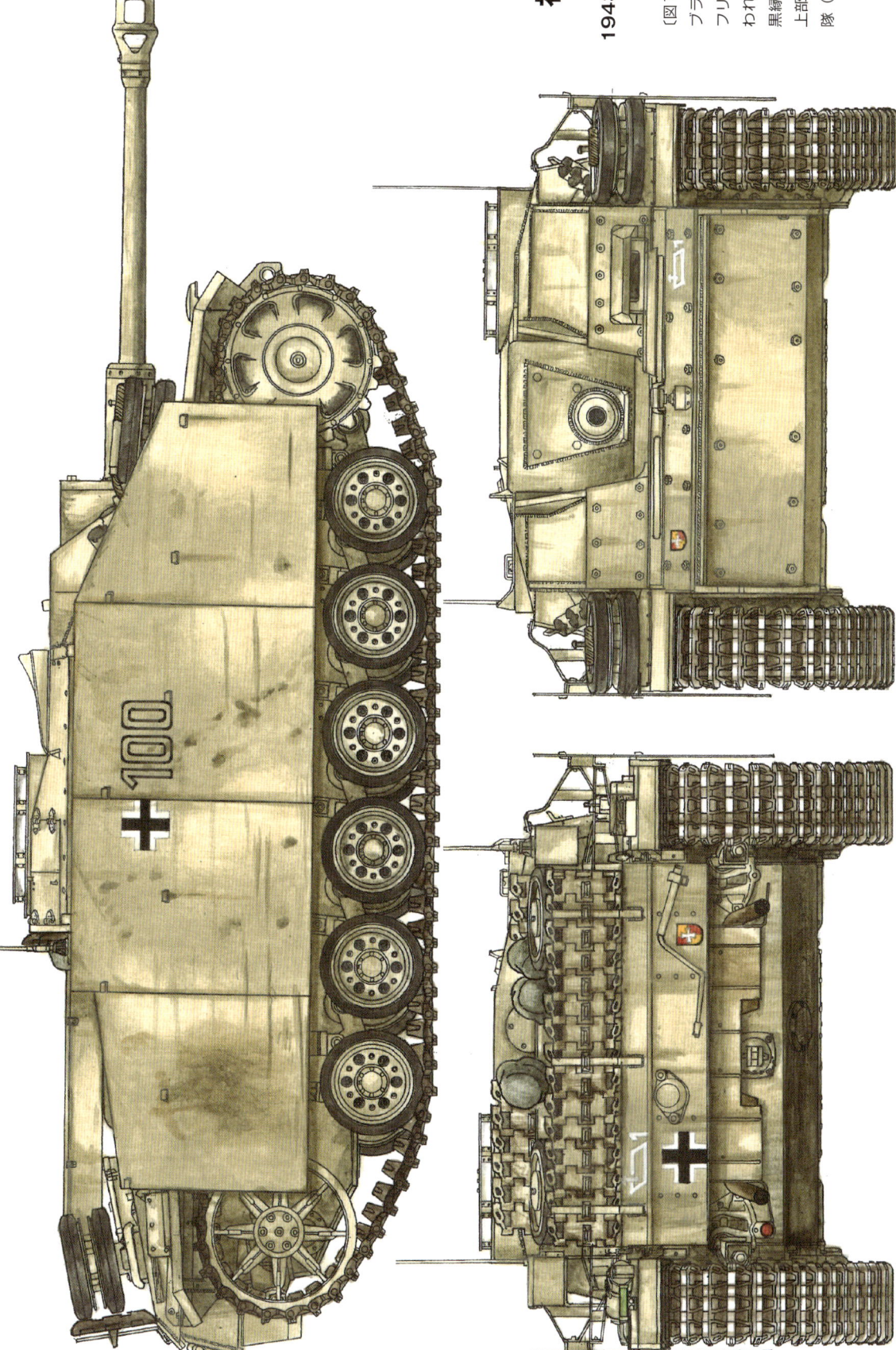

III号突撃砲G型 初期生産車　第3装甲擲弾兵師団第2戦車連隊第3大隊211号
StuG.III Ausf.G Early-model 2./Pz.Regt.2, 3.Pz.Gr.Div., No.211

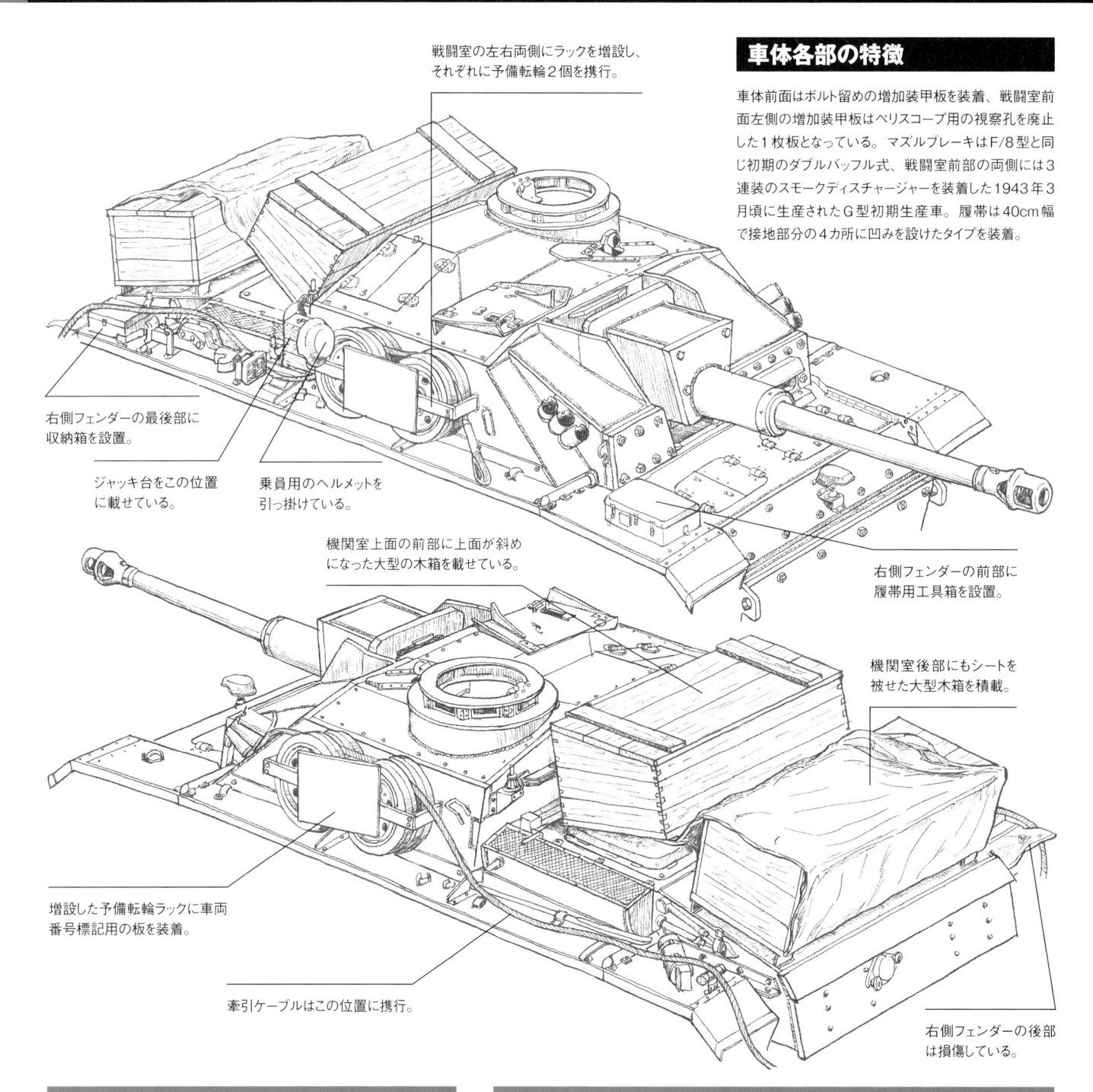

車体各部の特徴

車体前面はボルト留めの増加装甲板を装着、戦闘室前面左側の増加装甲板はペリスコープ用の視察孔を廃止した1枚板となっている。マズルブレーキはF/8型と同じ初期のダブルバッフル式、戦闘室前部の両側には3連装のスモークディスチャージャーを装着した1943年3月頃に生産されたG型初期生産車。履帯は40cm幅で接地部分の4カ所に凹みを設けたタイプを装着。

戦闘室の左右両側にラックを増設し、それぞれに予備転輪2個を携行。

右側フェンダーの最後部に収納箱を設置。

ジャッキ台をこの位置に載せている。

乗員用のヘルメットを引っ掛けている。

機関室上面の前部に上面が斜めになった大型の木箱を載せている。

右側フェンダーの前部に履帯用工具箱を設置。

機関室後部にもシートを被せた大型木箱を積載。

増設した予備転輪ラックに車両番号標記用の板を装着。

牽引ケーブルはこの位置に携行。

右側フェンダーの後部は損傷している。

初期のダブルバッフル式マズルブレーキ

F型、F/8型、さらにG型の1943年3月頃の生産車まで使用された丸みを帯びた形状のマズルブレーキ。

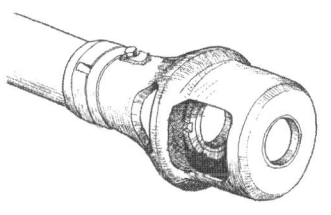

ノテックライト

ノテックライトは、III号突撃砲では最後まで使用され続けている。

211号車の戦闘室

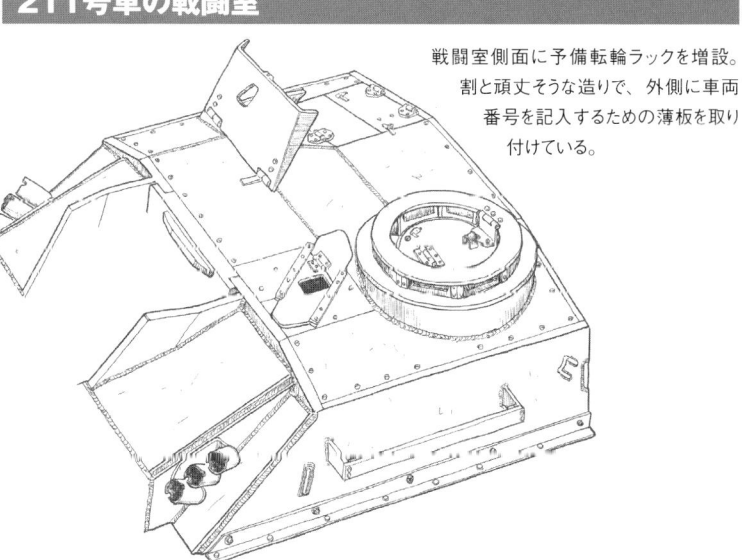

戦闘室側面に予備転輪ラックを増設。割と頑丈そうな造りで、外側に車両番号を記入するための薄板を取り付けている。

〔図26〕
III号突撃砲G型 初期生産車 指揮車型　ロードス戦車大隊100号車
StuG.III Ausf.G Bef.Wg. Pz.Abt. Rodos, No.100

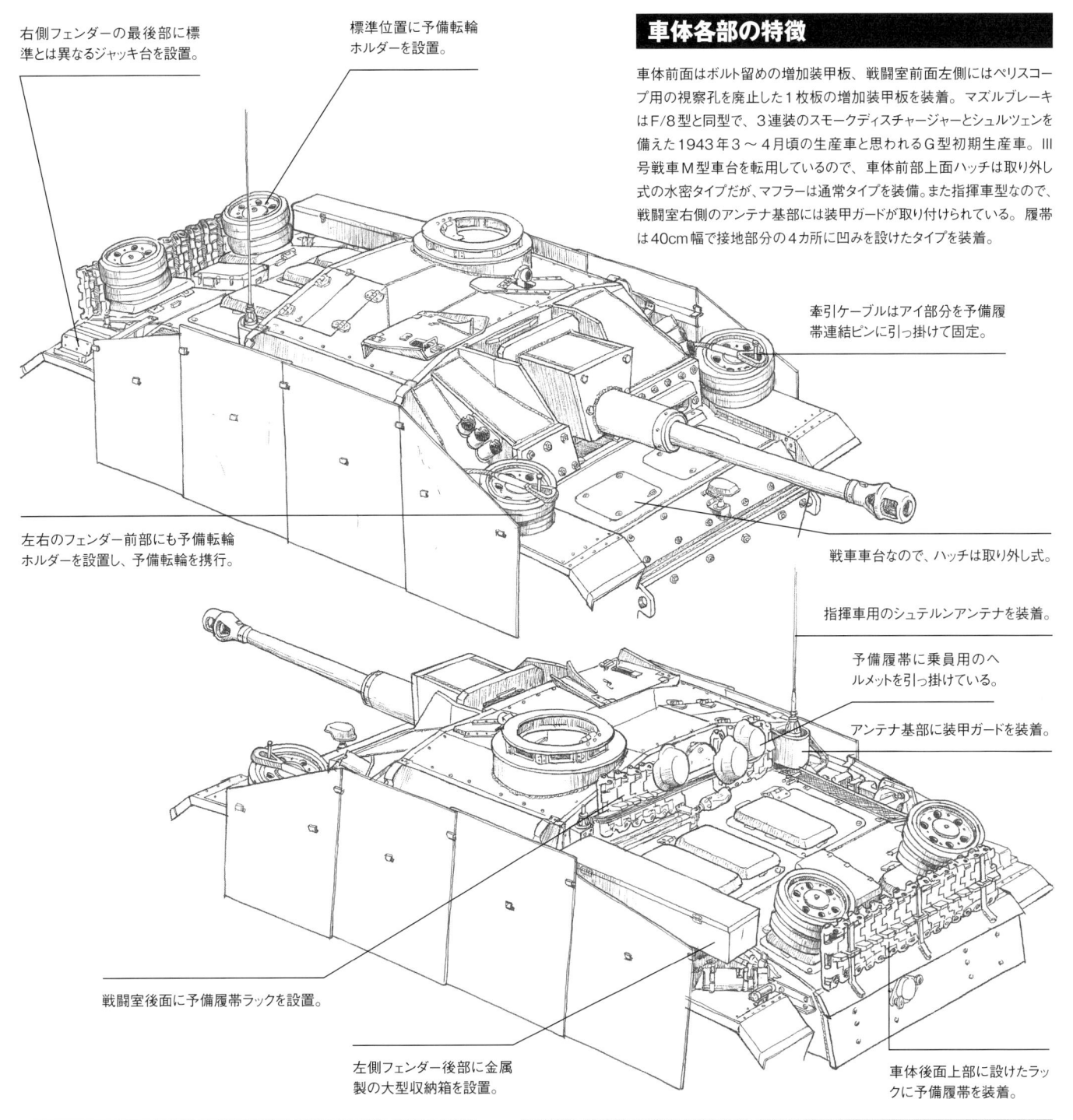

右側フェンダーの最後部に標準とは異なるジャッキ台を設置。

標準位置に予備転輪ホルダーを設置。

車体各部の特徴

車体前面はボルト留めの増加装甲板、戦闘室前面左側にはペリスコープ用の視察孔を廃止した1枚板の増加装甲板を装着。マズルブレーキはF/8型と同型で、3連装のスモークディスチャージャーとシュルツェンを備えた1943年3～4月頃の生産車と思われるG型初期生産車。III号戦車M型車台を転用しているので、車体前部上面ハッチは取り外し式の水密タイプだが、マフラーは通常タイプを装備。また指揮車型なので、戦闘室右側のアンテナ基部には装甲ガードが取り付けられている。履帯は40cm幅で接地部分の4カ所に凹みを設けたタイプを装着。

牽引ケーブルはアイ部分を予備履帯連結ピンに引っ掛けて固定。

左右のフェンダー前部にも予備転輪ホルダーを設置し、予備転輪を携行。

戦車車台なので、ハッチは取り外し式。

指揮車用のシュテルンアンテナを装着。

予備履帯に乗員用のヘルメットを引っ掛けている。

アンテナ基部に装甲ガードを装着。

戦闘室後面に予備履帯ラックを設置。

左側フェンダー後部に金属製の大型収納箱を設置。

車体後面上部に設けたラックに予備履帯を装着。

100号車の牽引ケーブル固定方法

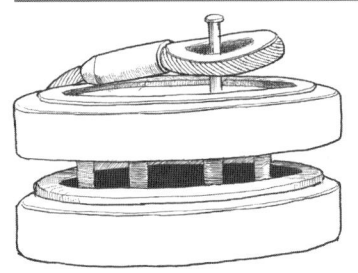

牽引ケーブルは、予備転輪に差し込んだ履帯連結ピンにアイ部分を引っ掛ける形で固定している。

100号車の機関室

左側フェンダー上に高い支柱を設置し、金属製の収納箱を取り付けている。

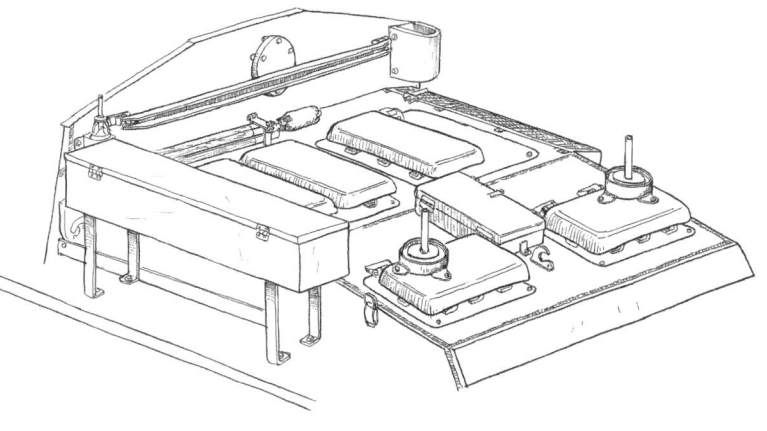

100号車のアンテナ基部

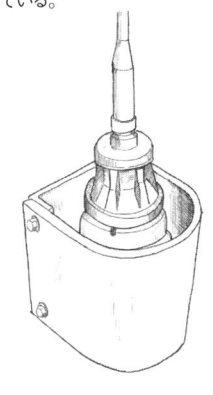

指揮車用シュテルンアンテナを取り付けているので、基部はフィンが6枚となった1型を使用。

Sturmgeschütz III Ausf.G Early production model
1.Skijäger Division
Winter of 1943-44 Eastern Front

Ⅲ号突撃砲G型 初期生産車

[図27]

第1スキー猟兵師団所属車　1943～1944年冬　東部戦線

RAL7028ドゥンケルゲルブを基本色とした迷彩塗装（図ではRAL6003オリーブグリュンとRAL8017ロートブラウンを用いた3色迷彩としている）の上に白色塗料を上塗りした冬期迷彩が施されている。車体前面上部の左端に冬期板とスキー板を組み合わせた師団マークが描かれている。写真では確認できないが、同師団の他の車両の例から推察すると、車体後面上部にも師団マークが描かれていた可能性が高い。

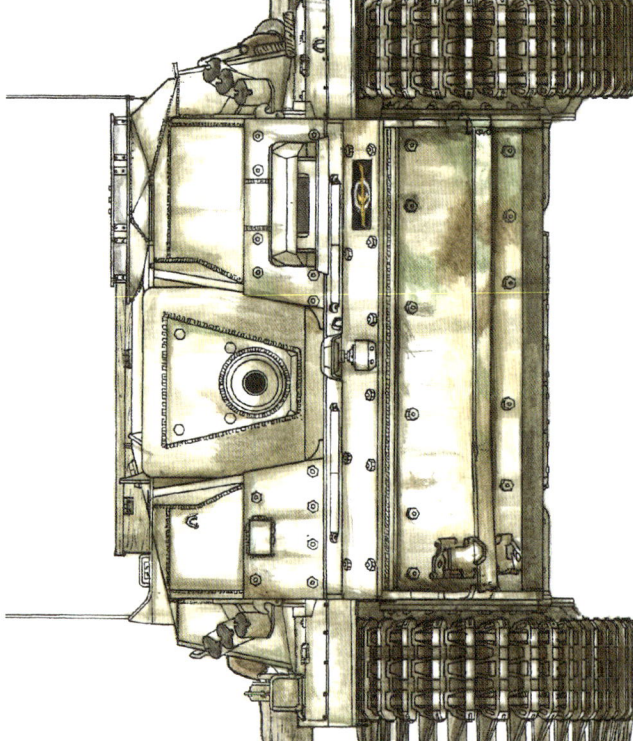

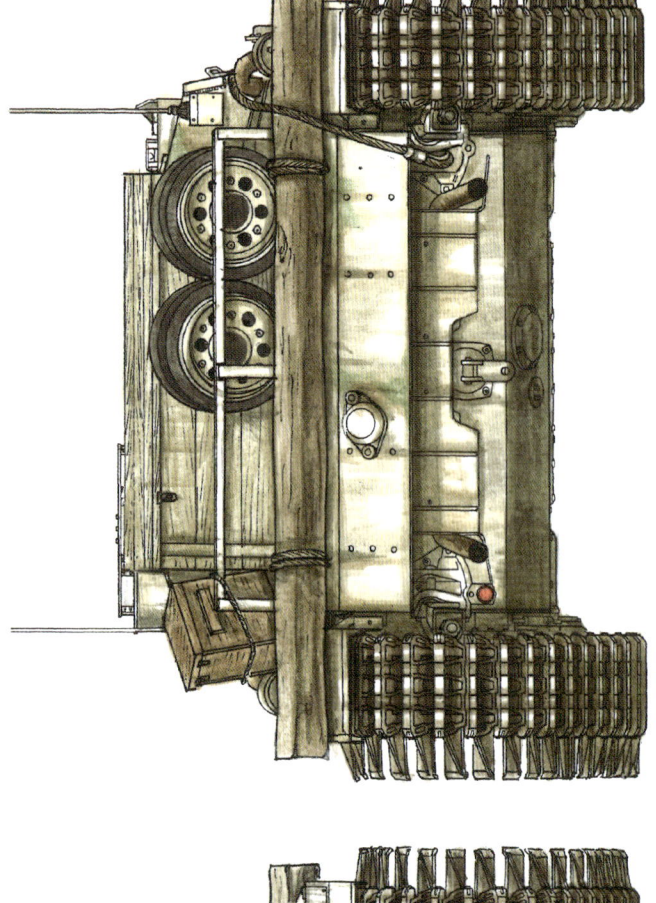

師団マーク

Sturmgeschütz III Ausf.G Middle production model
Unit Unknown　Winter of 1943-44　Eastern Front

[図28]

III号突撃砲G型中期生産車

所属部隊不明
1943～1944年冬　東部戦線

RAL7028 ドゥンケルゲルプとRAL6003 オリーブグリュン、RAL8017 ロートブラウンの3色迷彩だが、迷彩効果を高めるために冬期迷彩だが、迷彩効果を高めるために冬期迷彩として上に白色塗料を上塗りした冬期迷彩だが、迷彩効果を高めるために大きな斑点状に下地の迷彩塗装を塗り残しているのが特徴。戦闘室側面のシュルツェンに国籍標識バルケンクロイツを、ザウコプフ防盾の側面にはニックネームの"Chery"の文字を描き込んでいる。

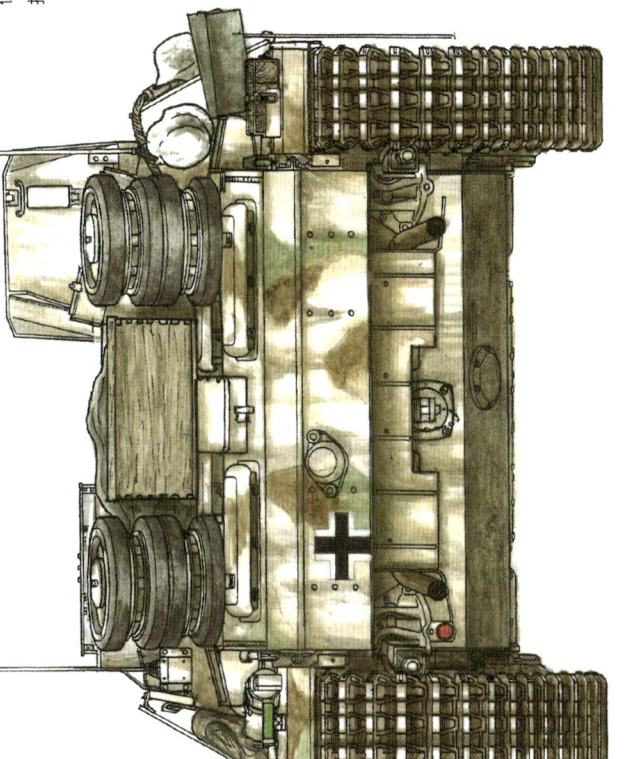

Chery　防盾に描かれたニックネーム

〔図27〕

Ⅲ号突撃砲G型 初期生産車　第1スキー猟兵師団所属車
StuG.III Ausf.G Early-model 1.Skijäger Div.

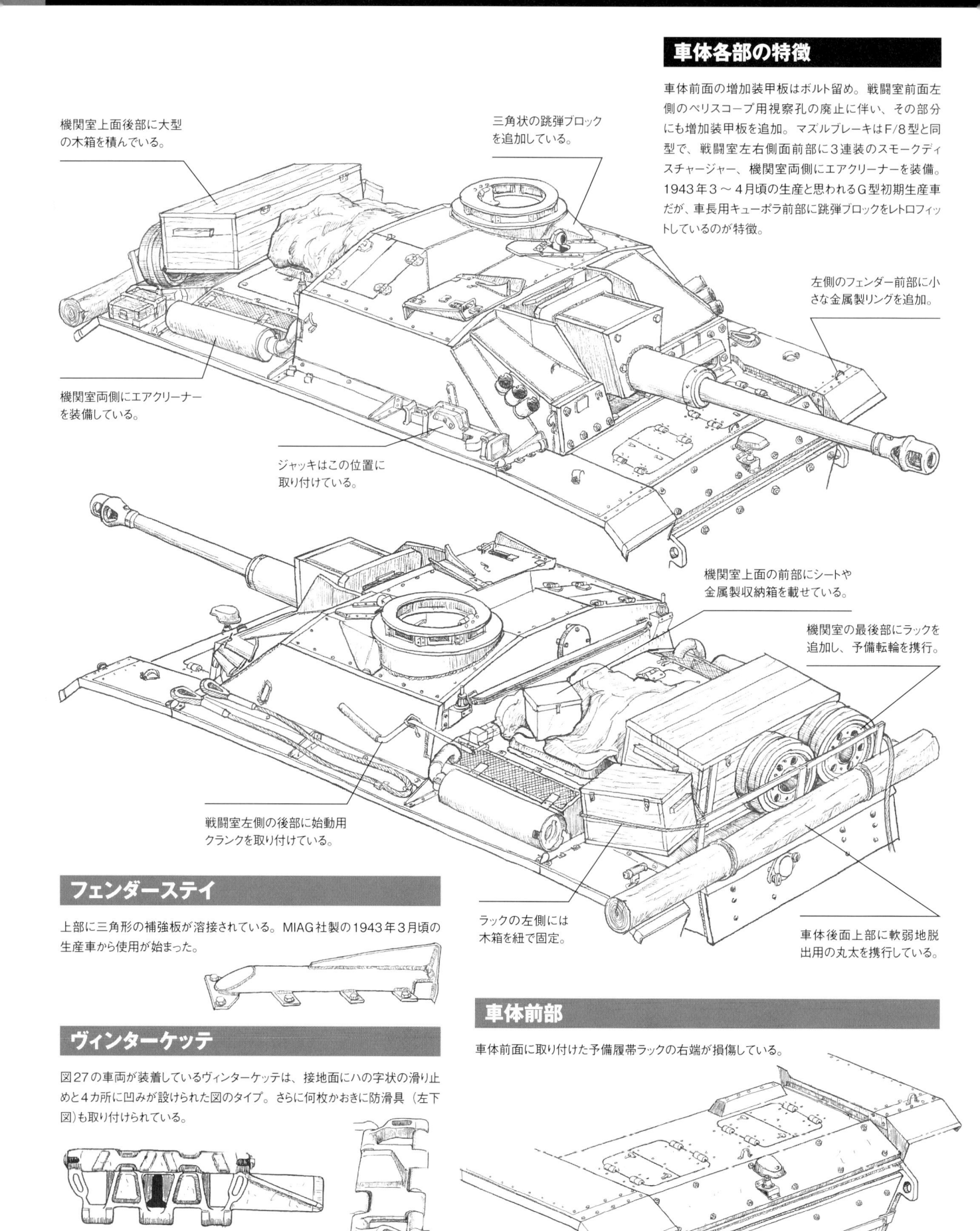

車体各部の特徴

車体前面の増加装甲板はボルト留め。戦闘室前面左側のペリスコープ用視察孔の廃止に伴い、その部分にも増加装甲板を追加。マズルブレーキはF/8型と同型で、戦闘室左右側面前部に3連装のスモークディスチャージャー、機関室両側にエアクリーナーを装備。1943年3〜4月頃の生産と思われるG型初期生産車だが、車長用キューポラ前部に跳弾ブロックをレトロフィットしているのが特徴。

機関室上面後部に大型の木箱を積んでいる。

三角状の跳弾ブロックを追加している。

左側のフェンダー前部に小さな金属製リングを追加。

機関室両側にエアクリーナーを装備している。

ジャッキはこの位置に取り付けている。

機関室上面の前部にシートや金属製収納箱を載せている。

機関室の最後部にラックを追加し、予備転輪を携行。

戦闘室左側の後部に始動用クランクを取り付けている。

ラックの左側には木箱を紐で固定する。

車体後面上部に軟弱地脱出用の丸太を携行している。

フェンダーステイ

上部に三角形の補強板が溶接されている。MIAG社製の1943年3月頃の生産車から使用が始まった。

ヴィンターケッテ

図27の車両が装着しているヴィンターケッテは、接地面にハの字状の滑り止めと4カ所に凹みが設けられた図のタイプ。さらに何枚かおきに防滑具（左下図）も取り付けられている。

車体前部

車体前面に取り付けた予備履帯ラックの右端が損傷している。

〔図28〕
Ⅲ号突撃砲G型 中期生産車　所属部隊不明
StuG.III Ausf.G Mid-model Unit Unknown

車体各部の特徴

車体前面は80mm厚の1枚板、マズルブレーキは前後両側に張り出しが設けられた新型、車長用のキューポラ前部には跳弾ブロックを装着、鋳造式防盾ザウコプフを備えた、1943年10月頃に生産されたアルケット社製のG型中期生産車。部隊で独自に作製したシュルツェンを取り付けているのが特徴。

右側フェンダー後部に機銃用弾薬箱を3個積んでいる。

牽引ケーブルはシュルツェンのフックに引っ掛けて携行している。

防御力を高めるために戦闘室前部にはⅢ/Ⅳ号用の予備履帯を装着。

戦闘室側面のシュルツェンに溶接留めしたフックにヘルメットをぶら下げている。

戦闘室前面右側にはティーガーIの予備履帯を取り付けている。

右側のアンテナ基部に乗員用のヘルメットをぶら下げている。

部隊が独自に作製したシュルツェンを装着。

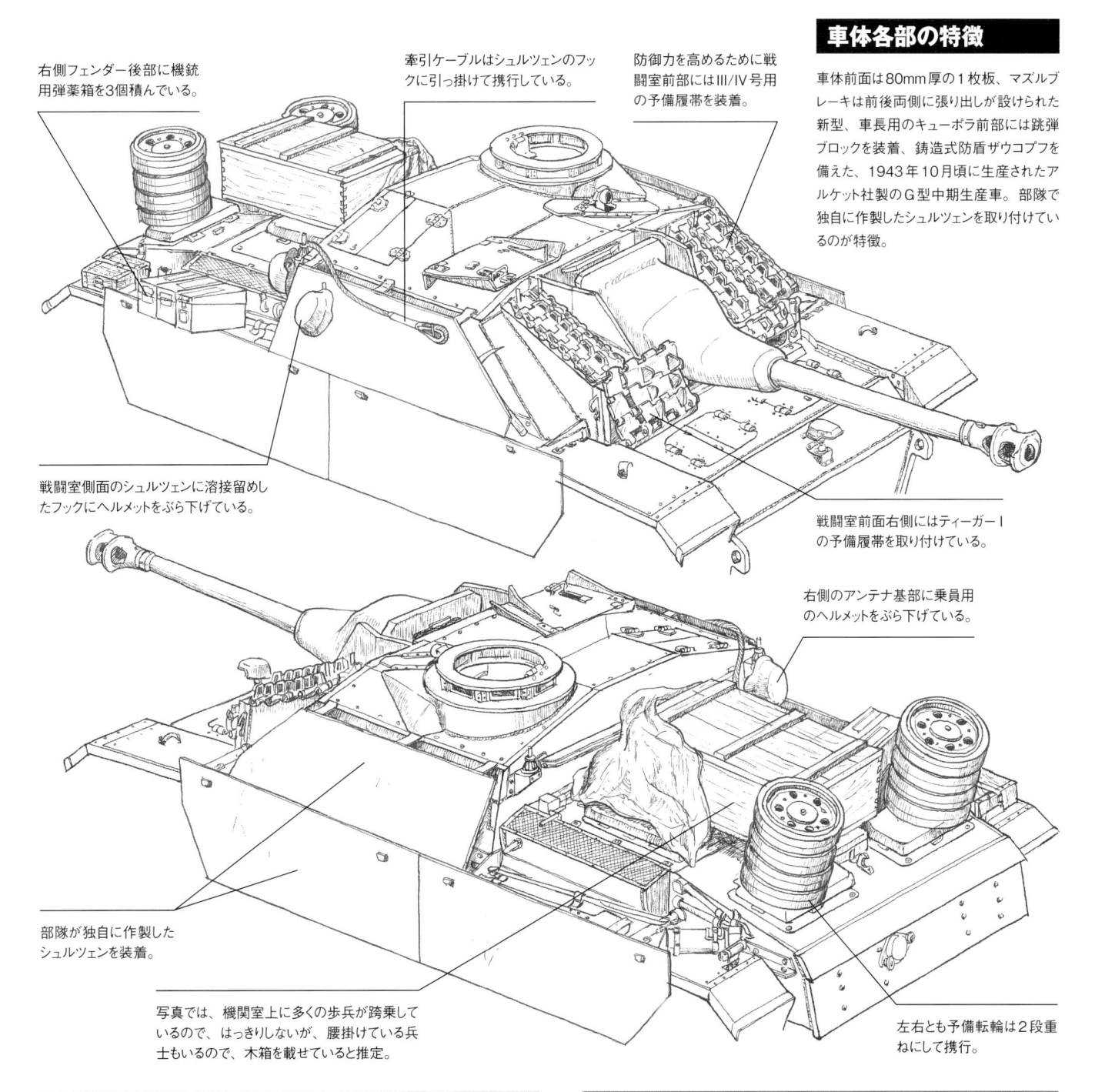

写真では、機関室上に多くの歩兵が跨乗しているので、はっきりしないが、腰掛けている兵士もいるので、木箱を載せていると推定。

左右とも予備転輪は2段重ねにして携行。

ザウコプフ防盾

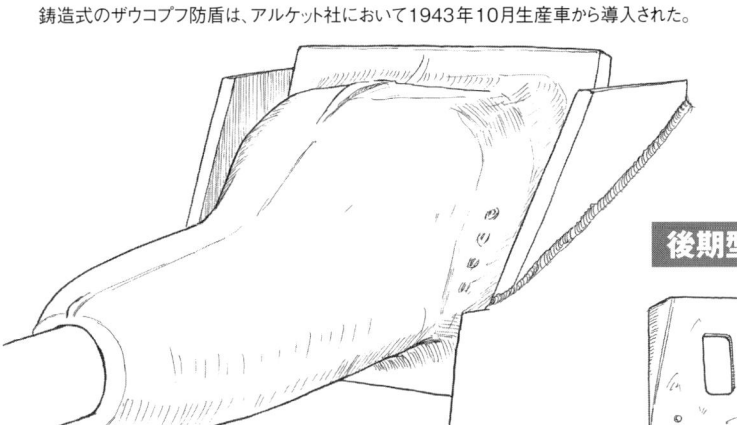

鋳造式のザウコプフ防盾は、アルケット社において1943年10月生産車から導入された。

前後左右に張り出しを設けたマズルブレーキ

前後の排煙孔左右にエラ状の張り出しを設けた新型マズルブレーキは、1943年4月頃から使用が始まる。

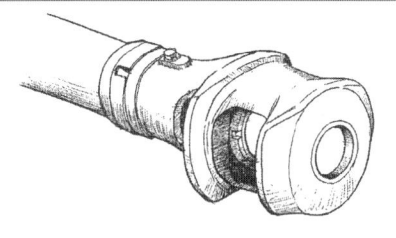

後期型MG用防盾

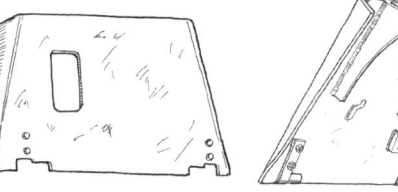

装填手用ハッチ前のMG用防盾は、G型後期生産車ではMG42も使用できるように、開口部を長方形にしたものが使用されるようになった。

59

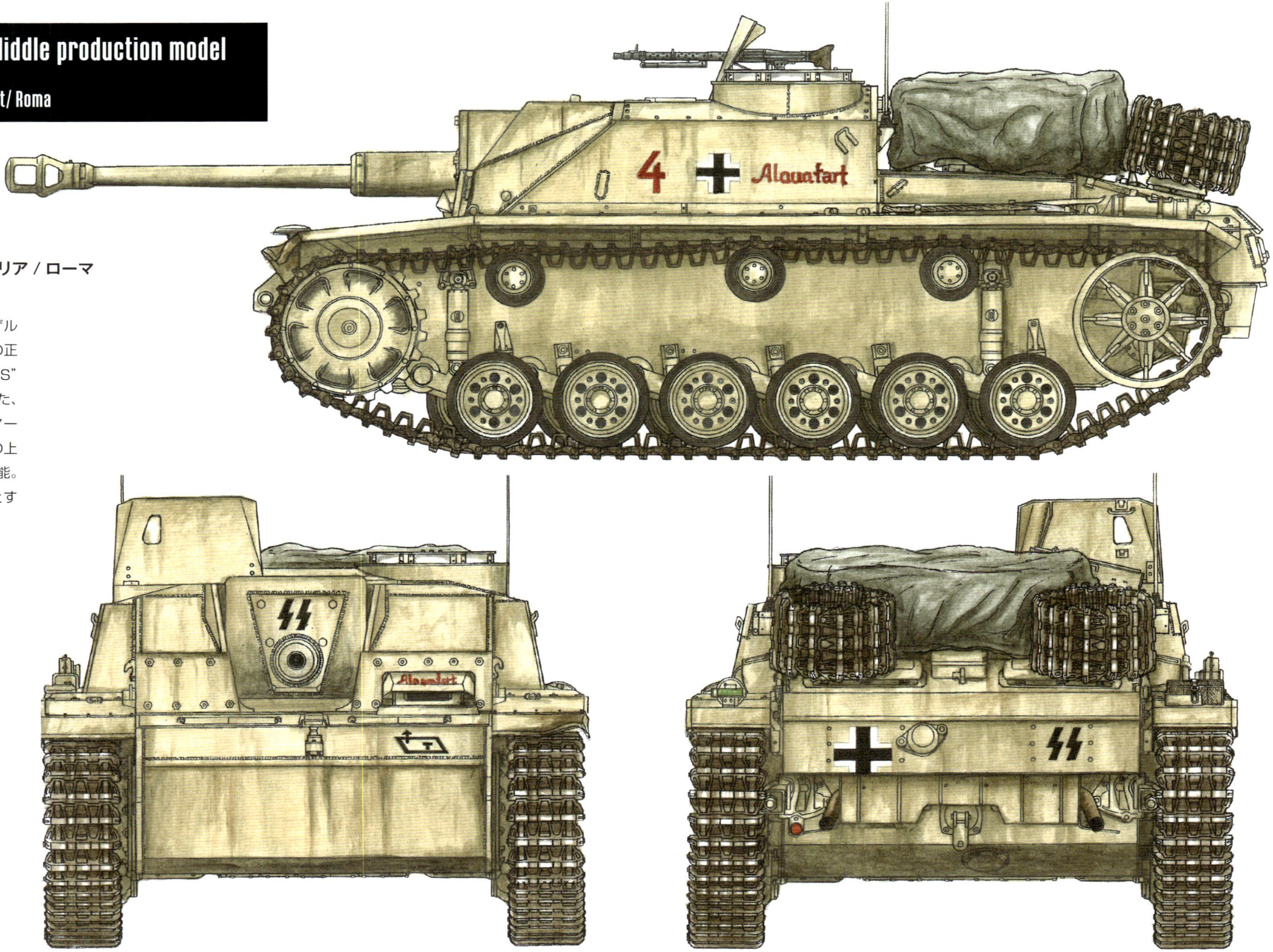

Sturmgeschütz III Ausf.G Middle production model
16.SS-Panzergrenadier Division
End of 1943-Early of 1944 Italian Front/Roma

[図29]
III号突撃砲G型 中期生産車

SS第16装甲擲弾兵師団所属車
1943年末〜1944年初頭 イタリア/ローマ

車体は、基本色RAL7028ドゥンケルゲルプの単色塗装。防盾の駐退復座機下カバーの正面と車体後面上部右側にルーン文字の"SS"を用いた師団マークが描かれている。また、車体前面上部左端に突撃砲部隊の戦術マーク、戦闘室側面と操縦手用表甲バイザーの上にニックネーム（正確なスペルには判読不能。"klagenfurt"―オーストリアの都市名とする資料もある）が記されている。

Sturmgeschütz III Ausf.G Middle production model
Unit Unknown
February 1944 Eastern Front

[図30]
III号突撃砲G型 中期生産車
所属部隊不明　1944年2月　東部戦線

RAL7028 ドゥンケルゲルプと RAL6003 オリーブグリュン、RAL8017 ロートブラウンの3色迷彩の上に白色塗料を塗り、冬期迷彩が施されているが、白色塗料の色落ちが激しく、車体前面などはほとんど剥がれ落ち、下地の迷彩が見えている。砲身に4本のキルマークが記されており、シュルツェンとキューポラ側面にはローマ数字の"III"（おそらく大隊本部の3号車であることを示す）が描かれている。

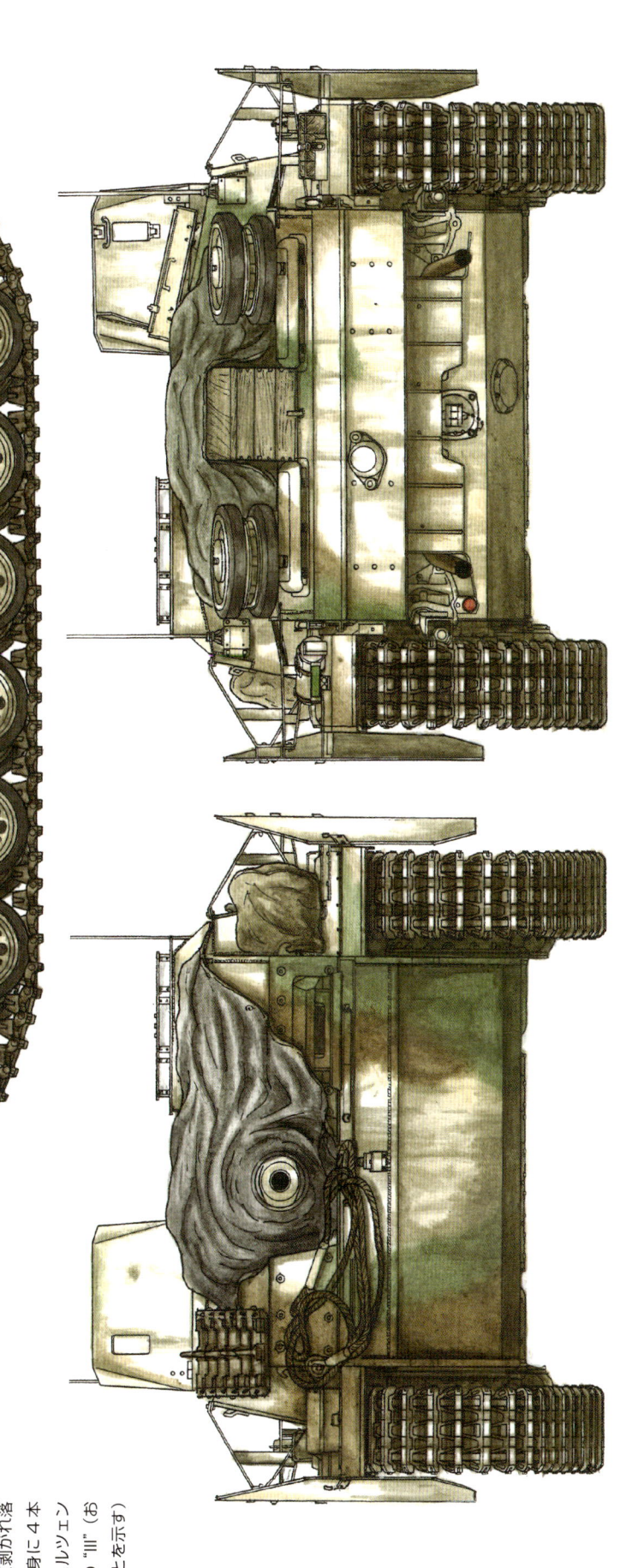

[図29]
III号突撃砲G型 中期生産車　SS第16装甲擲弾兵師団所属車
StuG.III Ausf.G Mid-model 16.SS-Pz.Gr.Div.

車体各部の特徴

マズルブレーキはF/8型と同型で、車体前面は80mm厚の1枚板となり、さらに戦闘室前面左側のペリスコープ用視察孔の廃止に伴い、その部分の増加装甲板も1枚板となった、1943年4月頃に生産されたG型中期生産車。シュルツェンは未装備で、履帯は40cm幅の初期標準タイプを装着している。

予備転輪には予備履帯を巻き付けている。

左側フェンダー前部に損傷が見られる。

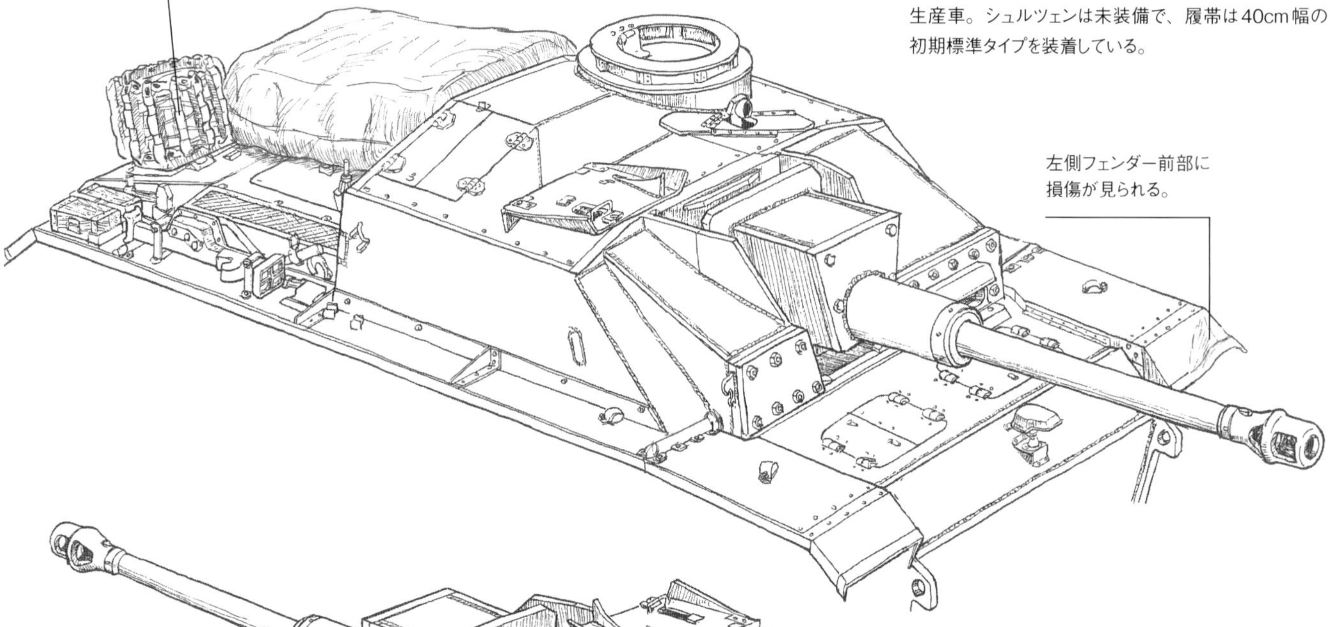

機関室上面にはシートですっぽり覆った荷物を載せている。

左側の予備転輪にも予備履帯を巻き付けて携行。

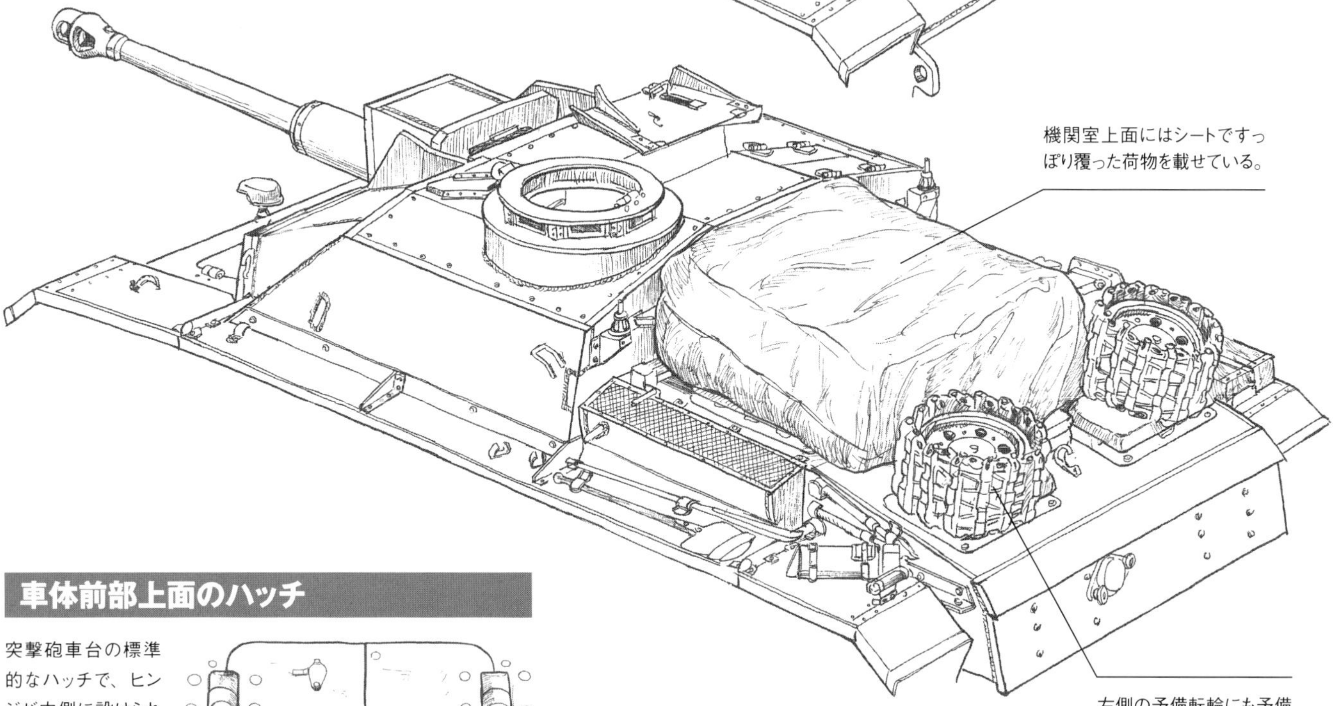

車体前部上面のハッチ

突撃砲車台の標準的なハッチで、ヒンジが内側に設けられているのが特徴。

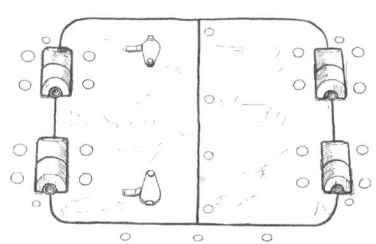

溶接式防盾

F型以降、鋳造式防盾ザウコプフ（アルケット社製車体のみ使用）が導入された後も並行して使用され続けた。

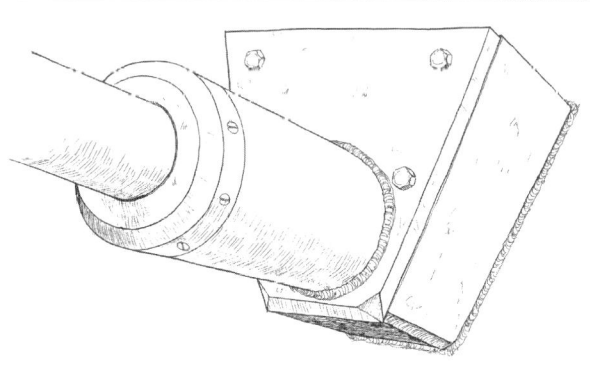

始動用クランク挿入孔

F/8型以降、車体後面上部中央に設置されたエンジン始動用のクランク挿入孔のカバーを開けた状態。

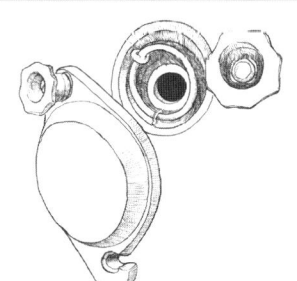

[図30]
Ⅲ号突撃砲G型 中期生産車　所属部隊不明
StuG.III Ausf.G Mid-model Unit Unknown

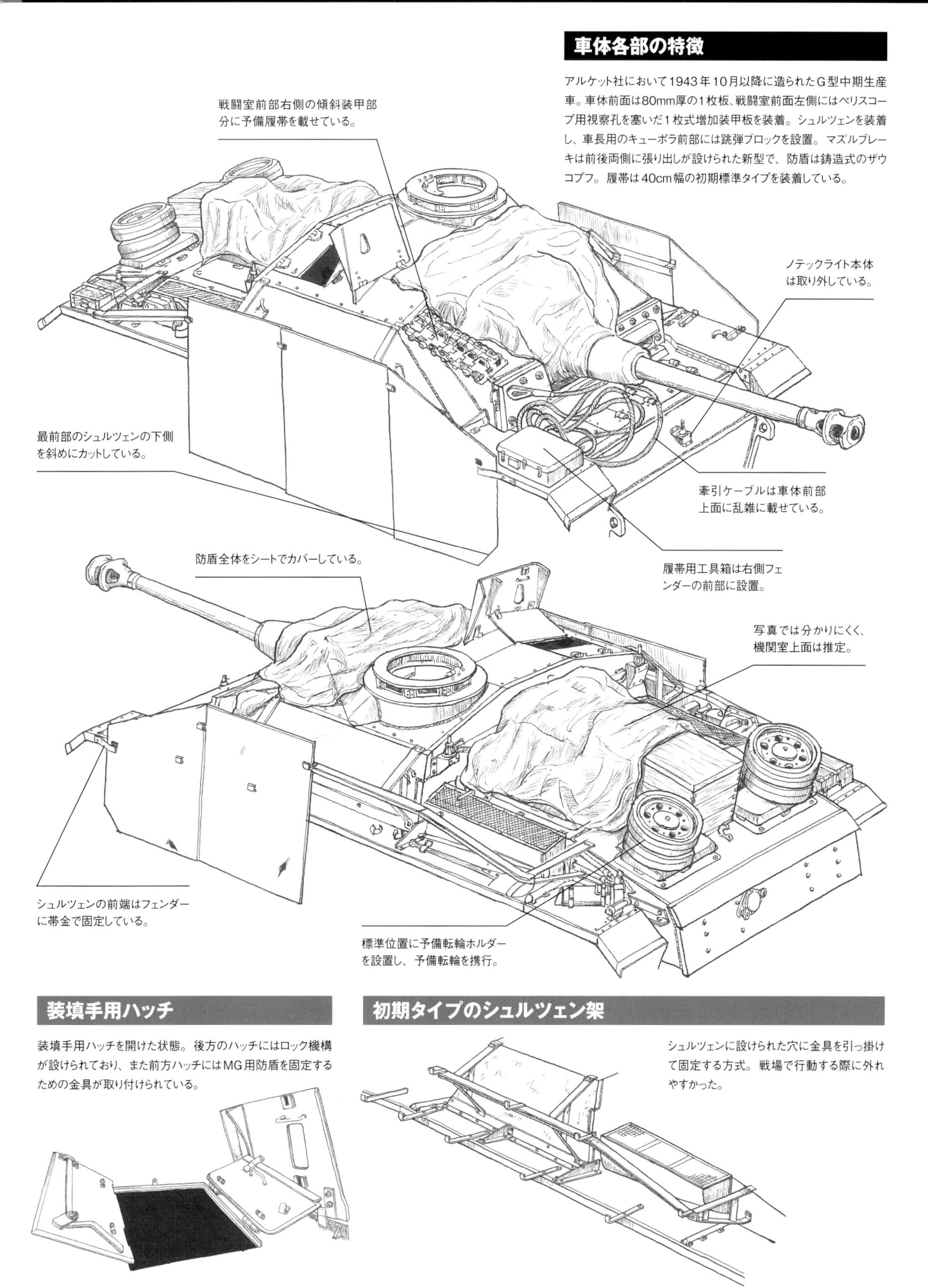

車体各部の特徴

アルケット社において1943年10月以降に造られたG型中期生産車。車体前面は80mm厚の1枚板、戦闘室前面左側にはペリスコープ用視察孔を塞いだ1枚式増加装甲板を装着。シュルツェンを装着し、車長用のキューポラ前部には跳弾ブロックを設置。マズルブレーキは前後両側に張り出しが設けられた新型で、防盾は鋳造式のザウコプフ。履帯は40cm幅の初期標準タイプを装着している。

戦闘室前部右側の傾斜装甲部分に予備履帯を載せている。

ノテックライト本体は取り外している。

最前部のシュルツェンの下側を斜めにカットしている。

牽引ケーブルは車体前部上面に乱雑に載せている。

防盾全体をシートでカバーしている。

履帯用工具箱は右側フェンダーの前部に設置。

写真では分かりにくく、機関室上面は推定。

シュルツェンの前端はフェンダーに帯金で固定している。

標準位置に予備転輪ホルダーを設置し、予備転輪を携行。

装填手用ハッチ

装填手用ハッチを開けた状態。後方のハッチにはロック機構が設けられており、また前方ハッチにはMG用防盾を固定するための金具が取り付けられている。

初期タイプのシュルツェン架

シュルツェンに設けられた穴に金具を引っ掛けて固定する方式。戦場で行動する際に外れやすかった。

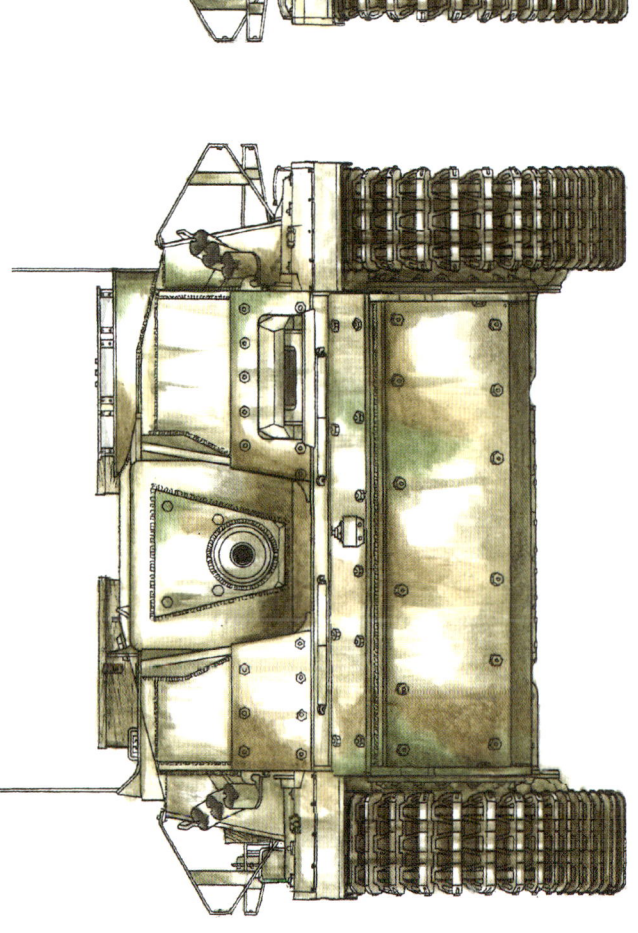

Sturmgeschütz III Ausf.G Early production model
Panzerabteilung Feldherrnhalle
March 1944 Eastern Front/Narva

[図31]

III号突撃砲G型 初期生産車

フェルトヘルンハレ戦車大隊所属車
1944年3月 東部戦線／ナルヴァ戦区

RAL7028 ドゥンケルゲルプとRAL6003 オリーブグリュン、RAL8017 ロートブラウンの3色迷彩の上に白色塗料を塗布した冬期迷彩だが、白色塗料はほとんど剥がれ落ちてしまっている。マーキングの類いはほとんど見られず、車体後面に描かれた国籍標識バルケンクロイツは同時期の同部隊他車両の例から推定した。

Sturmgeschütz III Ausf.G Middle production model
Panzerkompanie [Fkl] 315
Autumn of 1943 France

[図32]
Ⅲ号突撃砲G型 中期生産車

第315（無線操縦）戦車中隊所属車
1943年秋 フランス

RAL7028ドゥンケルゲルプの基本色の上にRAL6003オリーブグリュンとRAL8017ロートブラウンを吹き、迷彩を施した標準的な3色迷彩だが、オリーブグリュンとロートブラウンの塗布面積が広くなっているのが特徴。右側フェンダー前部に中隊マークが描かれている他、砲身基部のスリーブにニックネームが白色で描かれているようなのだが、小さくてスペルは判読不能。

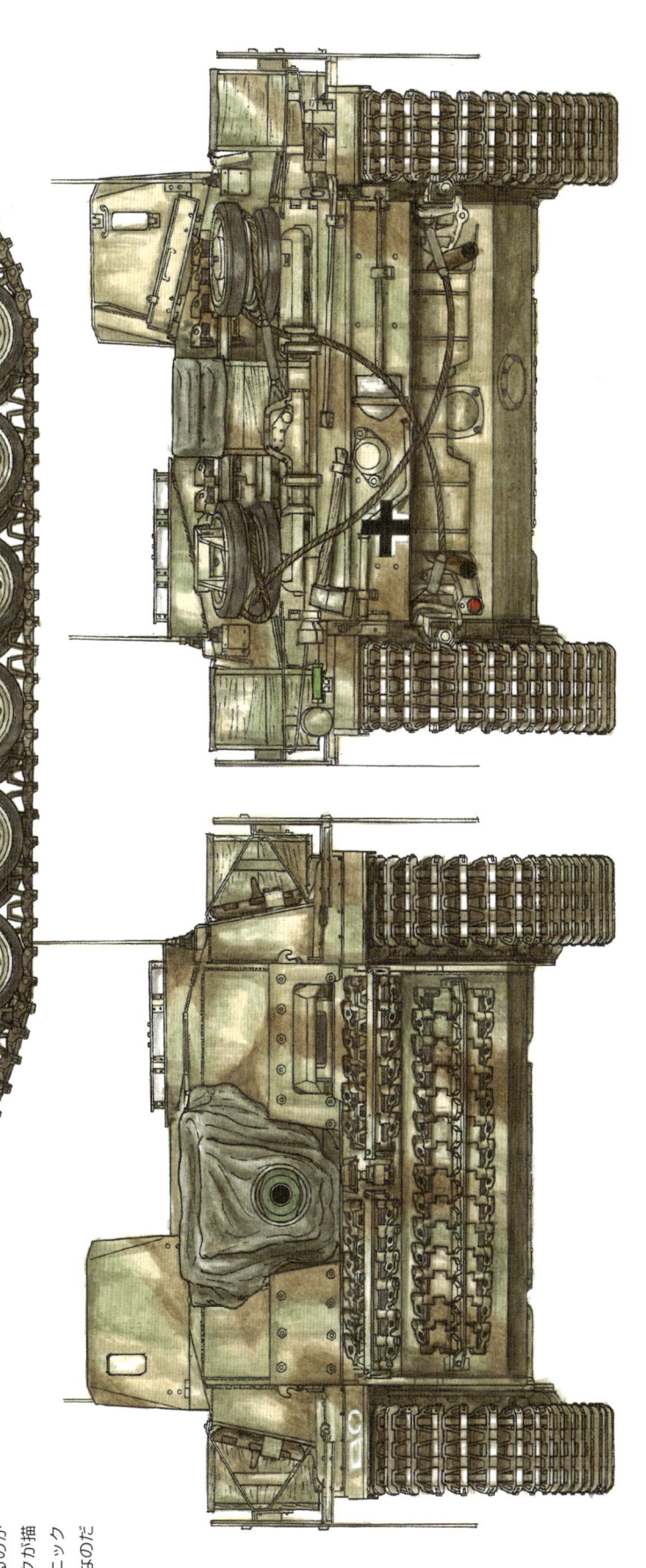

65

Ⅲ号突撃砲G型 初期生産車　フェルトヘルンハレ戦車大隊所属車
StuG.III Ausf.G Early-model Pz.Abt. Feldherrnhalle

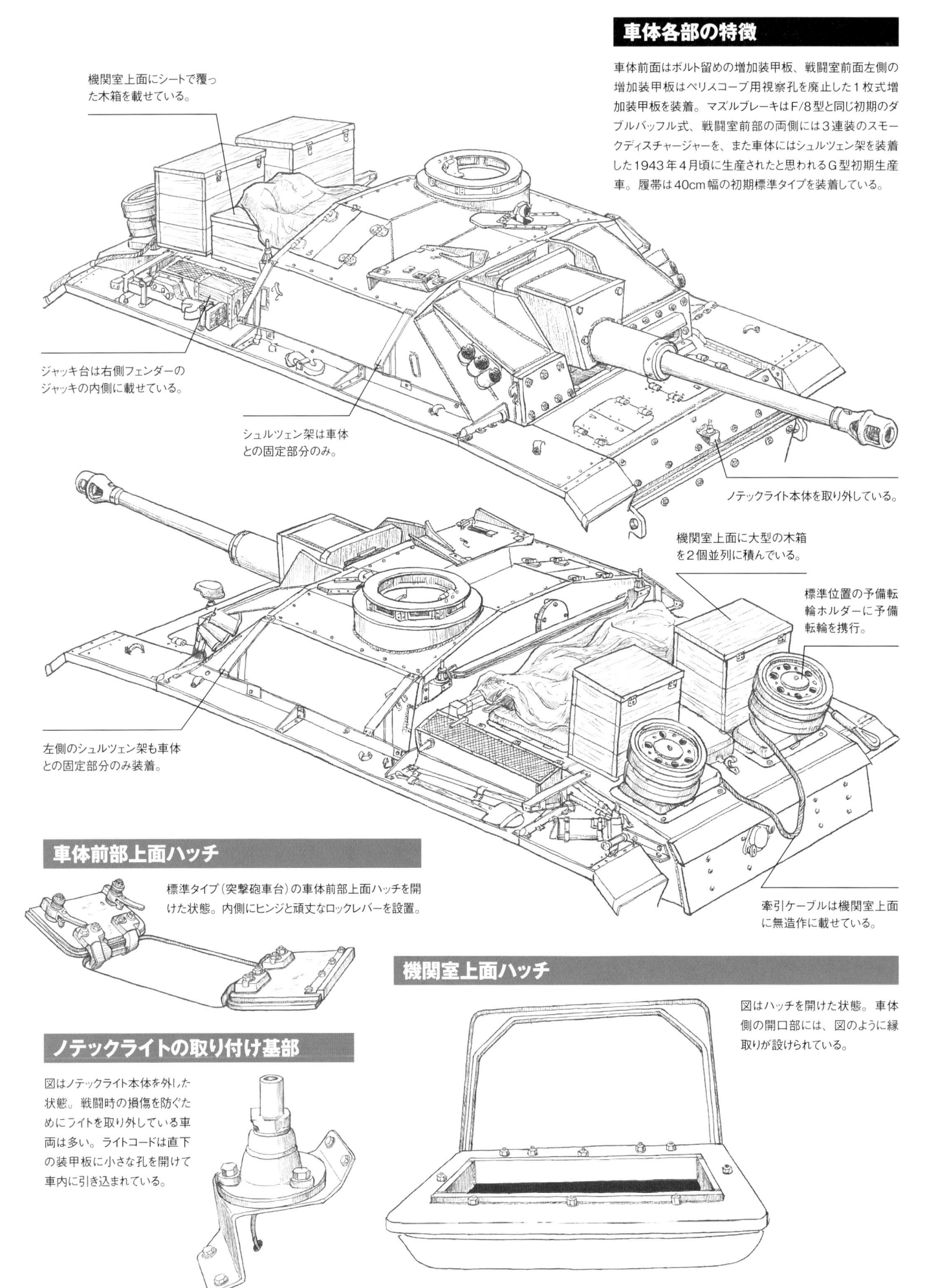

車体各部の特徴

車体前面はボルト留めの増加装甲板、戦闘室前面左側の増加装甲板はペリスコープ用視察孔を廃止した1枚式増加装甲板を装着。マズルブレーキはF/8型と同じ初期のダブルバッフル式、戦闘室前部の両側には3連装のスモークディスチャージャーを、また車体にはシュルツェン架を装着した1943年4月頃に生産されたと思われるG型初期生産車。履帯は40cm幅の初期標準タイプを装着している。

機関室上面にシートで覆った木箱を載せている。

ジャッキ台は右側フェンダーのジャッキの内側に載せている。

シュルツェン架は車体との固定部分のみ。

ノテックライト本体を取り外している。

機関室上面に大型の木箱を2個並列に積んでいる。

標準位置の予備転輪ホルダーに予備転輪を携行。

左側のシュルツェン架も車体との固定部分のみ装着。

牽引ケーブルは機関室上面に無造作に載せている。

車体前部上面ハッチ

標準タイプ(突撃砲車台)の車体前部上面ハッチを開けた状態。内側にヒンジと頑丈なロックレバーを設置。

ノテックライトの取り付け基部

図はノテックライト本体を外した状態。戦闘時の損傷を防ぐためにライトを取り外している車両は多い。ライトコードは直下の装甲板に小さな孔を開けて車内に引き込まれている。

機関室上面ハッチ

図はハッチを開けた状態。車体側の開口部には、図のように縁取りが設けられている。

[図32]

III号突撃砲G型 中期生産車　第315（無線操縦）戦車中隊所属車
StuG.III Ausf.G Mid-model Pz.Kp. Fkl 315

車体各部の特徴

車体前面は80mm厚の1枚板、戦闘室前面左側の増加装甲板は操縦手用ペリスコープの視察孔を廃止した1枚板を装備。シュルツェンを備え、マズルブレーキは両側に張り出しを設けた新型タイプを装着した1943年4月以降生産のG型中期生産車。

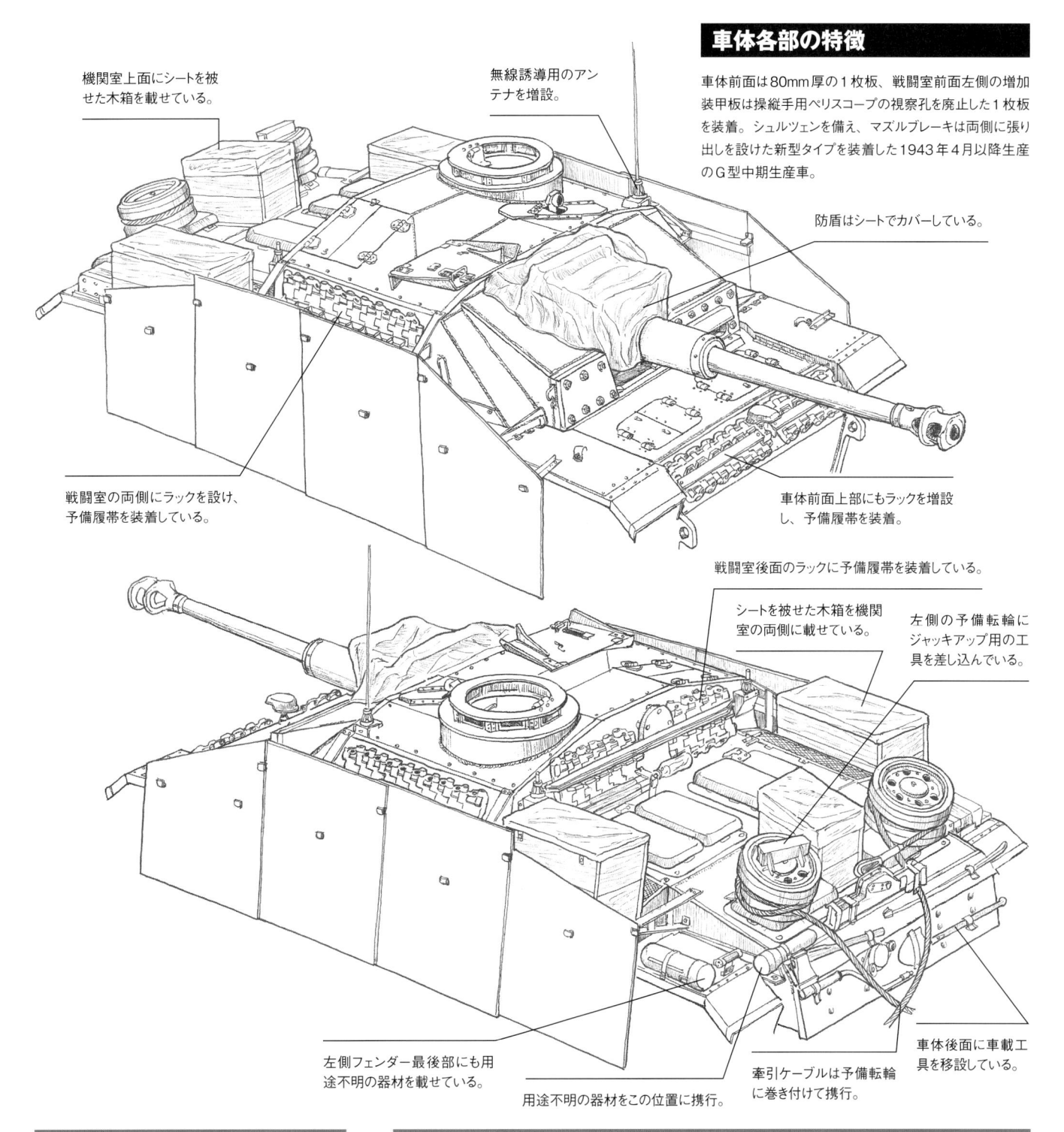

機関室上面にシートを被せた木箱を載せている。

無線誘導用のアンテナを増設。

防盾はシートでカバーしている。

戦闘室の両側にラックを設け、予備履帯を装着している。

車体前面上部にもラックを増設し、予備履帯を装着。

戦闘室後面のラックに予備履帯を装着している。

シートを被せた木箱を機関室の両側に載せている。

左側の予備転輪にジャッキアップ用の工具を差し込んでいる。

左側フェンダー最後部にも用途不明の器材を載せている。

用途不明の器材をこの位置に携行。

牽引ケーブルは予備転輪に巻き付けて携行。

車体後面に車載工具を移設している。

無線誘導用アンテナ基部

無線操縦戦車中隊の所属車両なので、戦闘室左側に無線誘導用のアンテナを増設している。アンテナ基部は図のような造りと思われる。

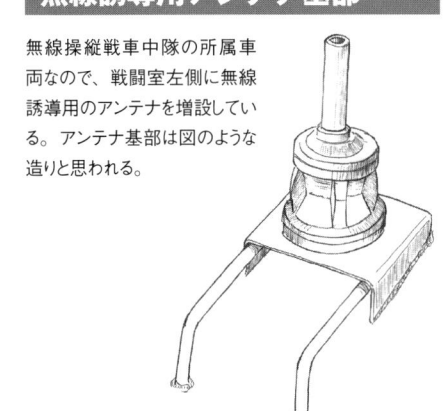

車体後面の工具類

一部の車載工具は車体後面に移設。左側の予備転輪の上にはジャッキアップ用の工具を差し込んでおり、またジャッキ台は標準タイプとは異なるものを載せている。

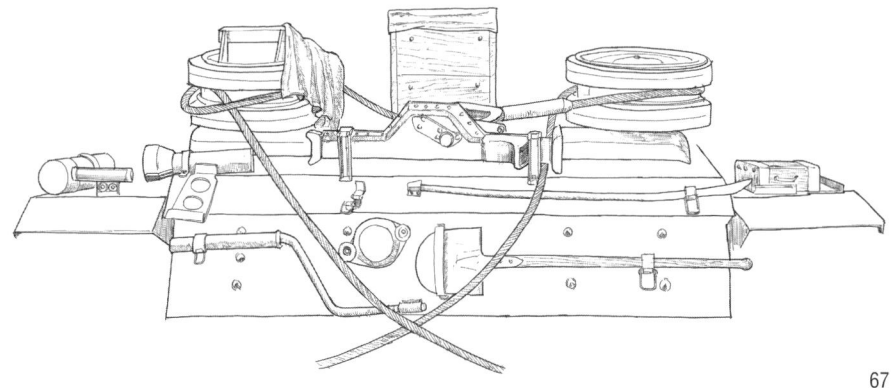

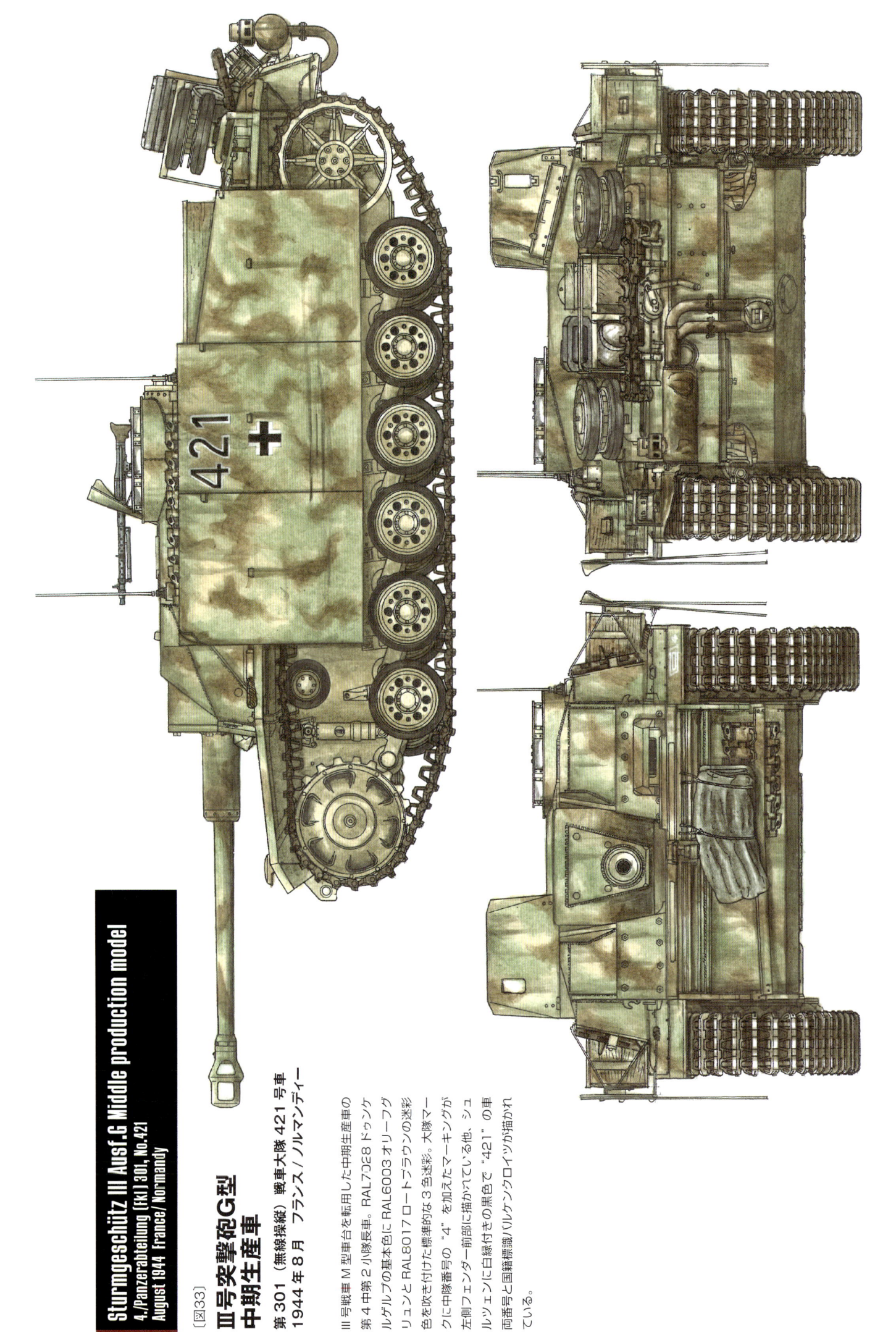

Sturmgeschütz III Ausf.G Middle production model
4./Panzerabteilung (Fkl) 301, No.421
August 1944 France/Normandy

[図33]
III号突撃砲G型
中期生産車

第301（無線操縦）戦車大隊421号車
1944年8月 フランス/ノルマンディー

III号戦車M型車台を転用した中期生産車の
第4中隊2小隊長車。RAL7028ドゥンケ
ルゲルプの基本色にRAL6003オリーブグ
リュンとRAL8017ロートブラウンの迷彩
色を吹きつけた標準的な3色迷彩。大隊マー
クに中隊番号の"4"を加えたマーキングが
左側フェンダー前部に描かれている他、シュ
ルツェンに白縁付きの黒色で"421"の車
両番号と国籍標識バルケンクロイツが描かれ
ている。

Sturmgeschütz III Ausf.G Middle production model
Unit Unknown 1944 Italy

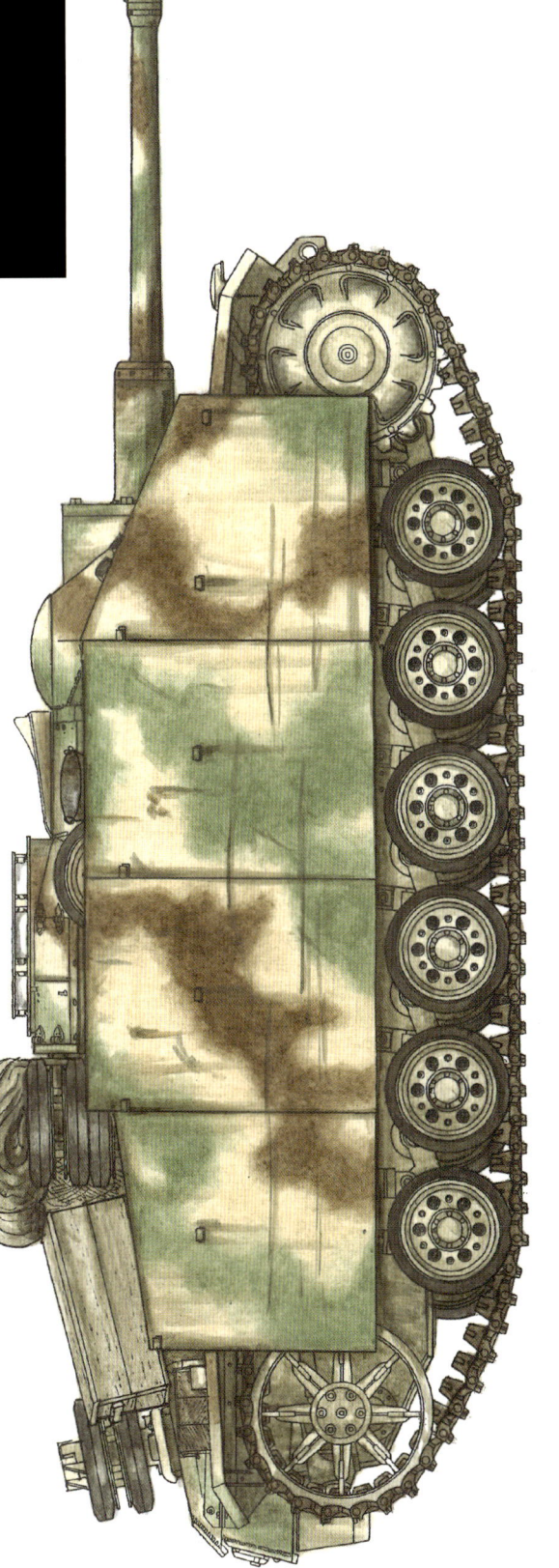

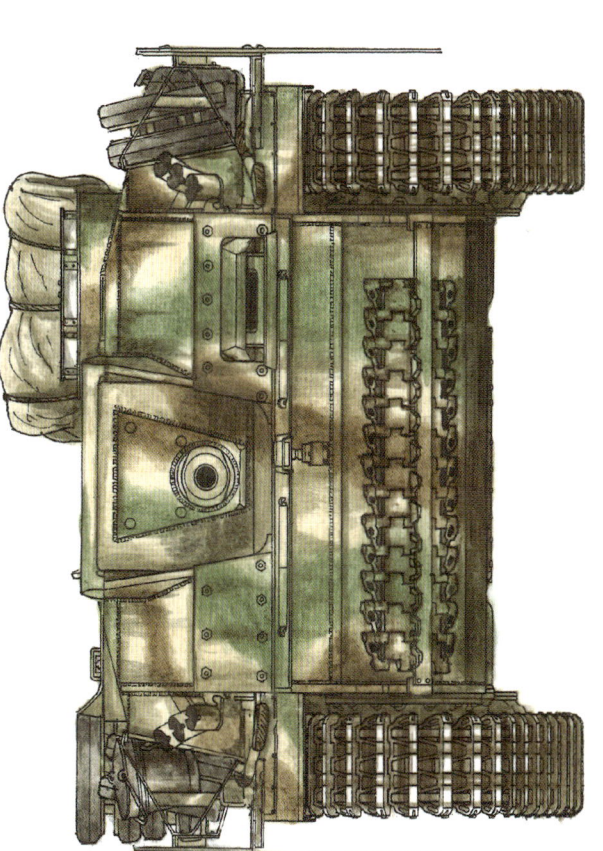

[図34]
Ⅲ号突撃砲G型 中期生産車
所属部隊不明
1944年 イタリア

基本色RAL7028ドゥンケルゲルプと迷彩色RAL6003オリーブグリュン、RAL8017ロートブラウンによる標準的な3色迷彩で、迷彩色を不規則な帯状に吹き付けたパターンに特徴が見られる。国籍標識バルケンクロイツを含めマーキングの類いは一切描かれていない。

[図33]

III号突撃砲G型 中期生産車　第301（無線操縦）戦車大隊421号車
StuG.III Ausf.G Mid-model 4./Pz.Abt. Fkl 301, No.421

車体各部の特徴

マズルブレーキはF/8型と同型。車体前面の増加装甲板は溶接留め、戦闘室前面左側の増加装甲板はペリスコープ用視察孔を廃止した1枚板タイプとし、シュルツェンを装備した1943年4月頃生産のG型中期生産車。III号戦車M型車台を転用しているため、車体前部上面ハッチは取り外し式で、車体後部上部の下面にある排気口には密閉用ハッチを設置し、さらに防水弁付きのマフラーを装備している点が特徴。履帯は40cm幅の初期標準タイプを装着。

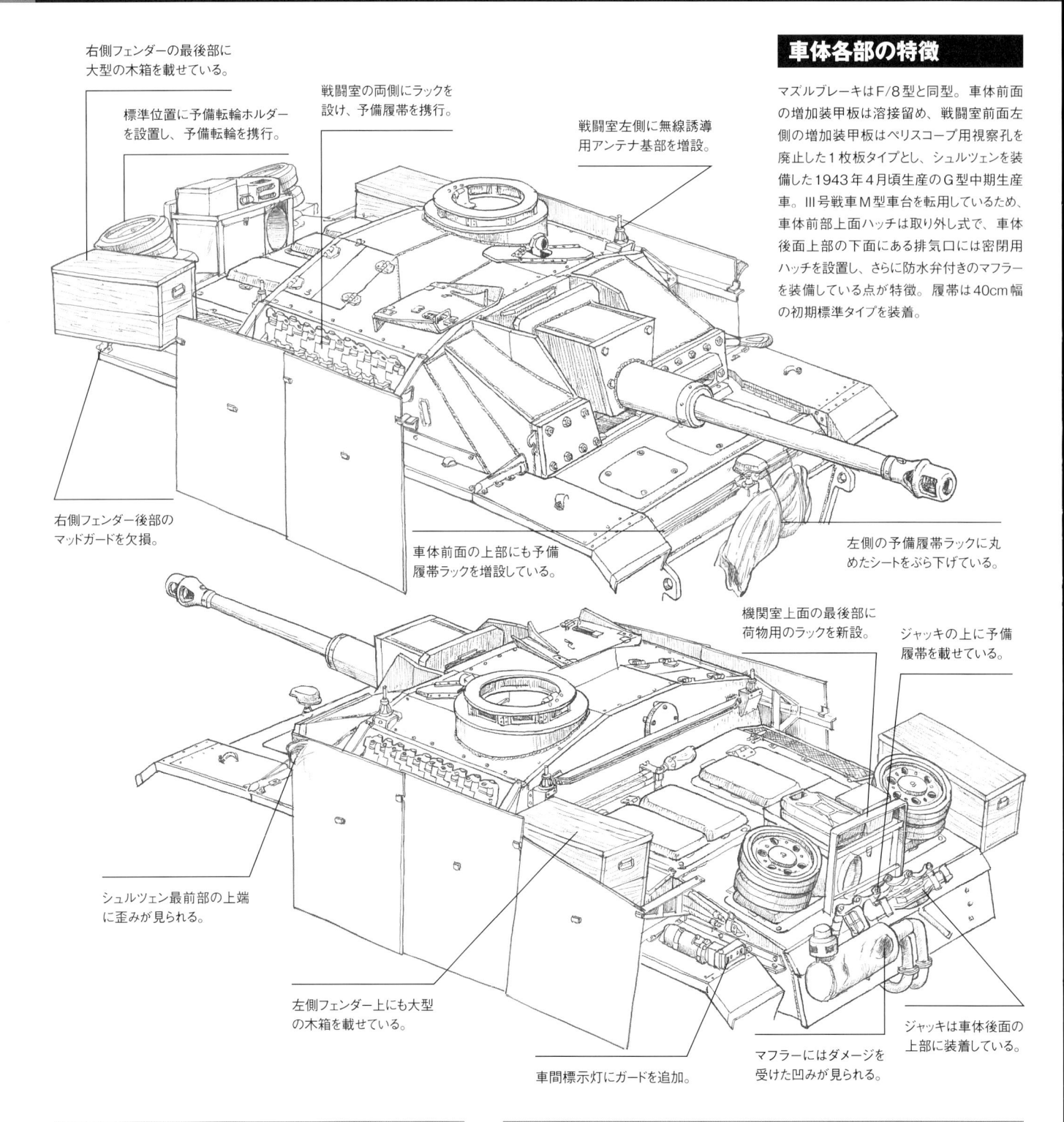

- 右側フェンダーの最後部に大型の木箱を載せている。
- 標準位置に予備転輪ホルダーを設置し、予備転輪を携行。
- 戦闘室の両側にラックを設け、予備履帯を携行。
- 戦闘室左側に無線誘導用アンテナ基部を増設。
- 右側フェンダー後部のマッドガードを欠損。
- 車体前面の上部にも予備履帯ラックを増設している。
- 左側の予備履帯ラックに丸めたシートをぶら下げている。
- 機関室上面の最後部に荷物用のラックを新設。
- ジャッキの上に予備履帯を載せている。
- シュルツェン最前部の上端に歪みが見られる。
- 左側フェンダー上にも大型の木箱を載せている。
- 車間標示灯にガードを追加。
- マフラーにはダメージを受けた凹みが見られる。
- ジャッキは車体後面の上部に装着している。

421号車の車体後面

上部下面の排気口に密閉用のハッチを設置し、防水弁付きのマフラーを装備。車体後面はIII号戦車M型と全く同じ仕様である。

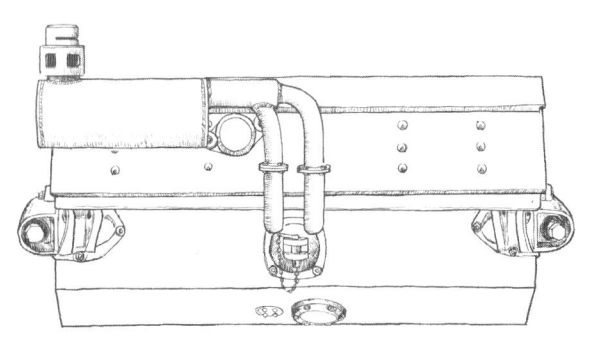

421号車の車体前部

前面の増加装甲板は溶接留め。前面上部には変わった構造の予備履帯ラックを増設している。

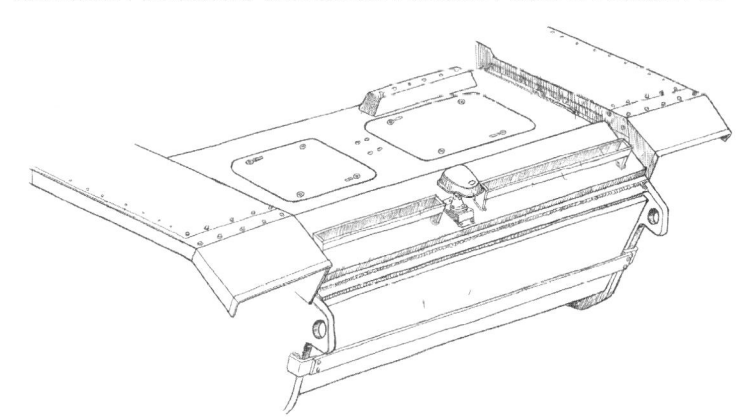

〔図34〕
Ⅲ号突撃砲G型 中期生産車　所属部隊不明
StuG.III Ausf.G Mid-model Unit Unknown

車体各部の特徴

車体前面は80mm厚の1枚板、戦闘室前面左側の増加装甲板は操縦手用ペリスコープの視察孔を廃止した1枚板、さらに戦闘室側面前部に3連装のスモークディスチャージャーを、車体にはシュルツェンを装備し、マズルブレーキは両側に張り出しを設けた新型タイプとした、1943年4月頃に生産されたG型中期生産車。

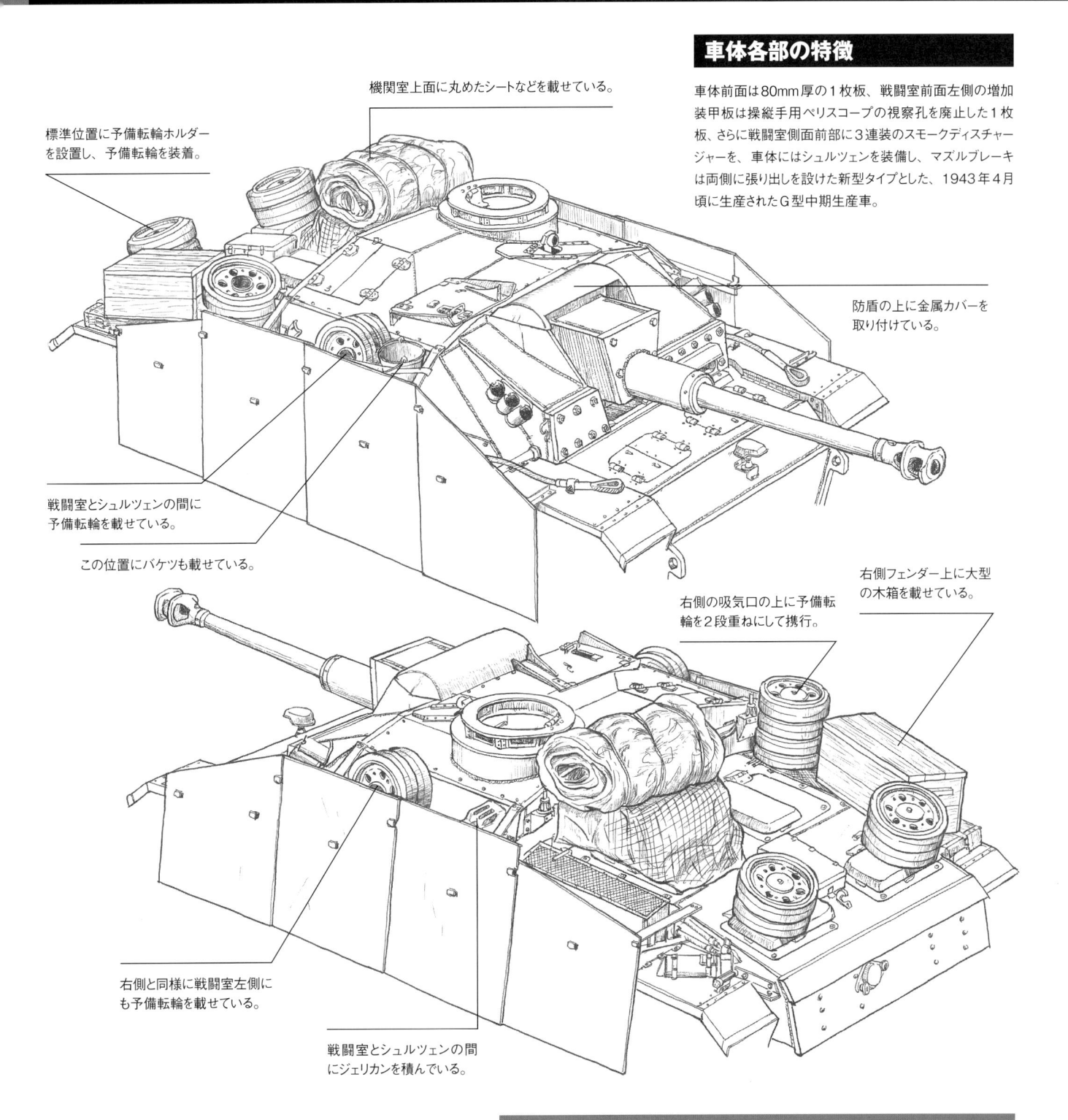

標準位置に予備転輪ホルダーを設置し、予備転輪を装着。

機関室上面に丸めたシートなどを載せている。

防盾の上に金属カバーを取り付けている。

戦闘室とシュルツェンの間に予備転輪を載せている。

この位置にバケツも載せている。

右側の吸気口の上に予備転輪を2段重ねにして携行。

右側フェンダー上に大型の木箱を載せている。

右側と同様に戦闘室左側にも予備転輪を載せている。

戦闘室とシュルツェンの間にジェリカンを積んでいる。

車体前部

車体前面に予備履帯ラックを取り付けている。

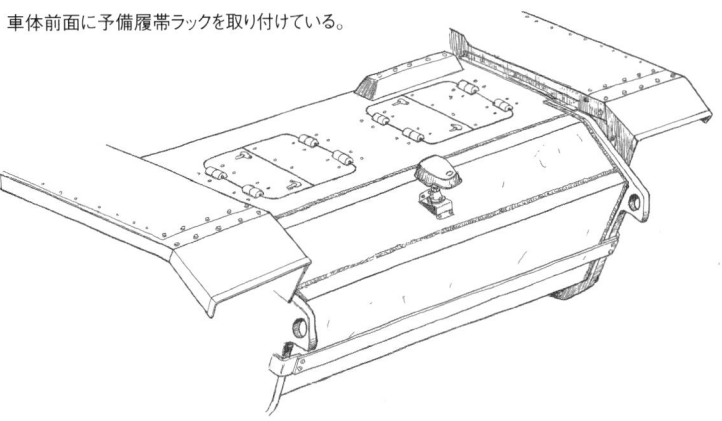

車長用キューポラのハッチ

ハッチの内側には頭部保護用のパッドが取り付けられている。また、砲隊鏡用の小ハッチには取っ手とロックレバーの受け具を設置している。

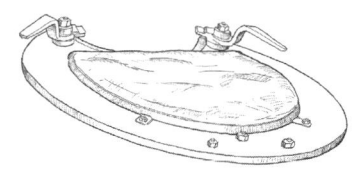

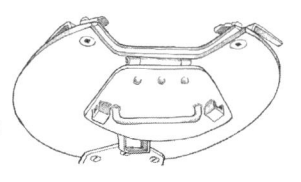

71

Sturmgeschütz III Ausf.G Middle production model
Sturmgeschütz Brigade 341, No.332 Summer of 1944 France/Dinan

[図35]

III号突撃砲G型 中期生産車
第341突撃砲旅団332号車
1944年夏 フランス/ディナン

基本色RAL7028ドゥンケルゲルプの上に迷彩色RAL6003オリーブグリュンとRAL8017ロートブラウンを塗布した標準的な3色迷彩が施されている。車体後面上部中央という珍しい位置に国籍標識のバルケンクロイツが描かれており、その左側に白縁付きの黒色で"332"の車両番号を記入。車体にはMIAG社製の車両の特徴である、細かな格子状パターンのツィンメリットコーティングが施されている。

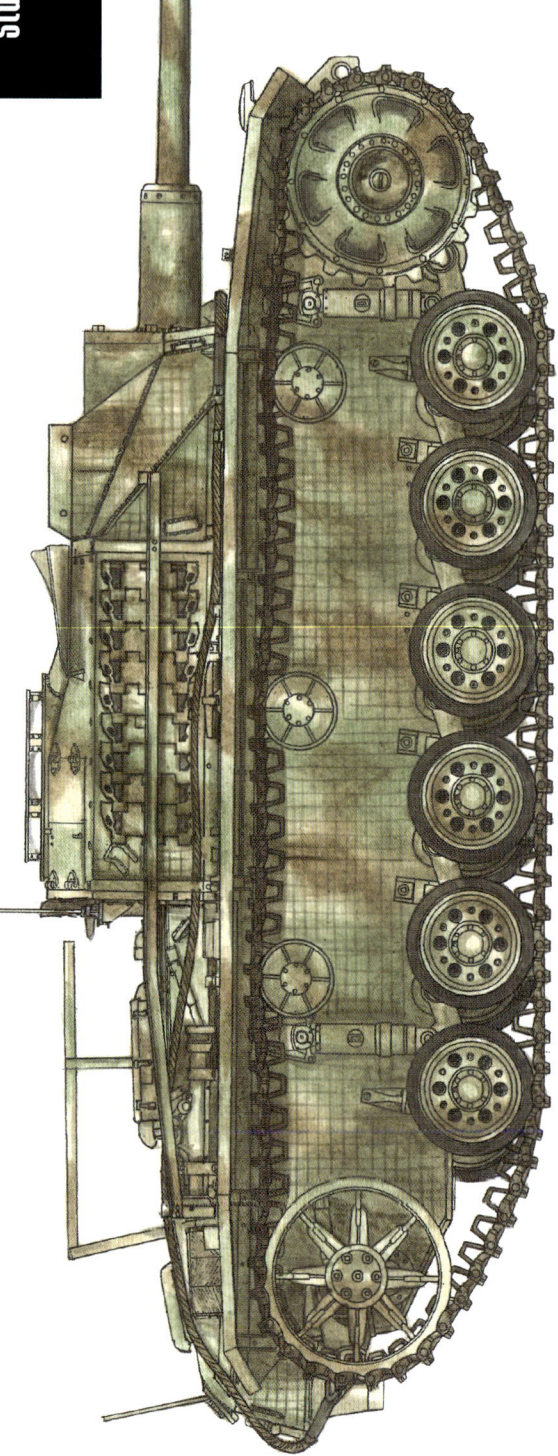

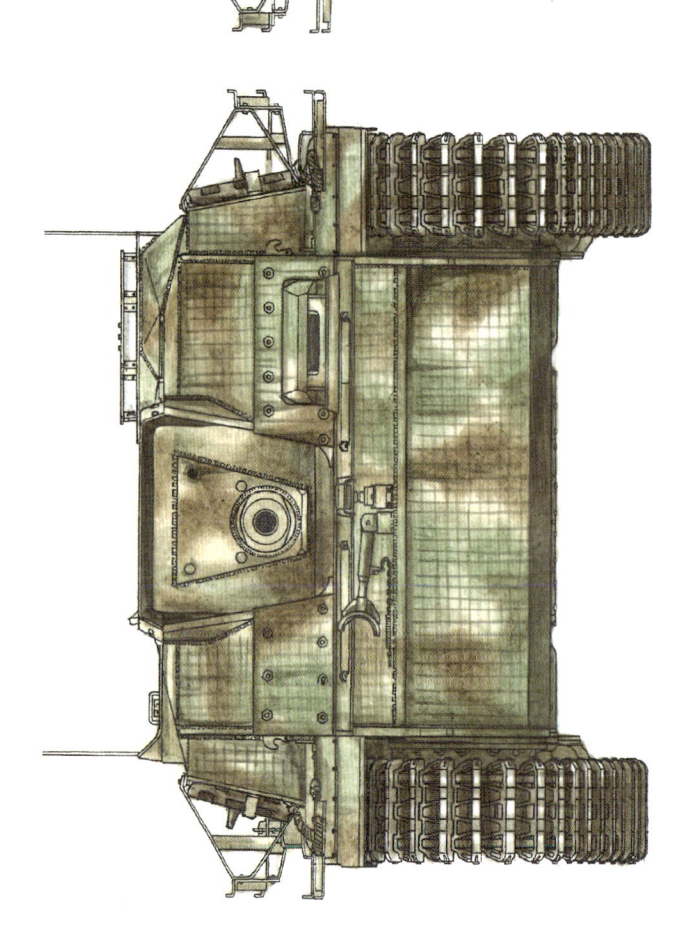

Sturmgeschütz III Ausf.G Middle production model
Unit Unknown Summer of 1944 Poland

[図36]
Ⅲ号突撃砲G型中期生産車
所属部隊不明
1944年夏 ポーランド

ワッフル・パターンのツィンメリットコーティングが施されたアルケット社製の車両で、基本色のRAL7028 ドゥンケルゲルプと迷彩色のRAL6003 オリーブグリュン、RAL8017 ロートブラウンによる3色迷彩が施されている。シュルツェンなどはオリーブグリュンとロートブラウンを太く帯状に塗布し、ドゥンケルゲルプがほとんど見えなくなっているのが迷彩の特徴。シュルツェンに国籍標識バルケンクロイツと白色の円のマーキング（中隊もしくは小隊標識？）が描かれ、砲身のスリーブにはニックネーム（スペルは推定）が描き込まれている。

[図35]
III号突撃砲G型 中期生産車　第341突撃砲旅団332号車
StuG.III Ausf.G Mid-model StuG.Brig.341, No.332

機関室上面に部隊作製の荷物積載用フレームを増設。

防盾の上面に金属カバーを追加している。

車体各部の特徴

車体前面は80mm厚の1枚板、戦闘室前面左側にはペリスコープ用視察孔を塞いだ1枚式増加装甲板を装着。マズルブレーキは前後両側に張り出しが設けられた新型で、シュルツェンを装着し、車長用のキューポラ前部には跳弾ブロックを設置。1943年10月以降に造られたと思われるMIAG社製のG型中期生産車で、車体には細かな格子状ツィンメリットコーティングを塗布。また、車体前部にトラベリングクランプも設置（レトロフィット？）している。履帯は40cm幅の初期標準タイプを装着。

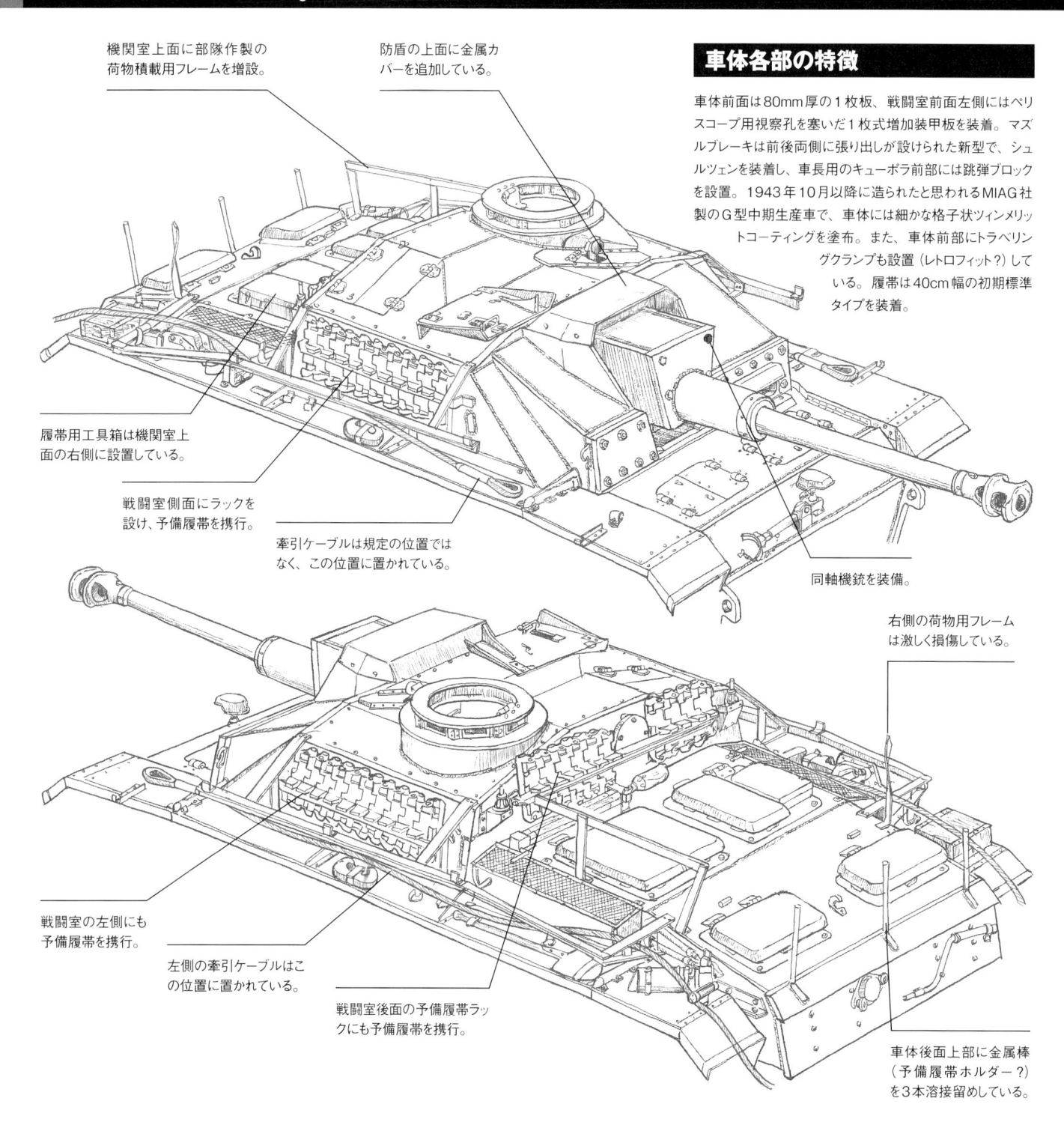

履帯用工具箱は機関室上面の右側に設置している。

戦闘室側面にラックを設け、予備履帯を携行。

牽引ケーブルは規定の位置ではなく、この位置に置かれている。

同軸機銃を装備。

右側の荷物用フレームは激しく損傷している。

戦闘室の左側にも予備履帯を携行。

左側の牽引ケーブルはこの位置に置かれている。

戦闘室後面の予備履帯ラックにも予備履帯を携行。

車体後面上部に金属棒（予備履帯ホルダー？）を3本溶接留めしている。

車体前部

332号車は各部に1943年9月末～10月頃に造られた生産車の特徴を持つが、車体前部には1944年6月から導入が始まったトラベリングクランプを設置している。おそらく、生産後にレトロフィットされたものと思われる。

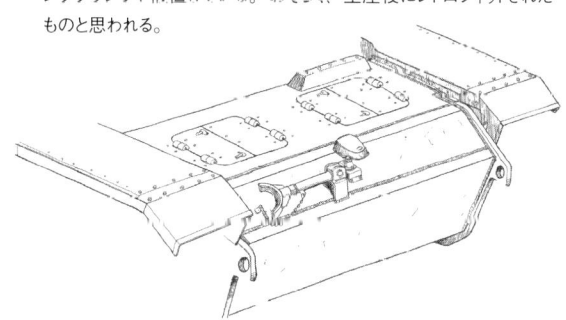

トラベリングクランプ

トラベリングクランプは、起倒式で支柱に固定用のチェーンが取り付けられている。

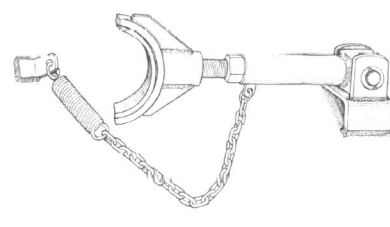

332号車の防盾

MIAG社製生産車は全車、溶接構造の角型防盾を装備。332号車は左上のボルト部分を開口し、同軸機銃を装備している。

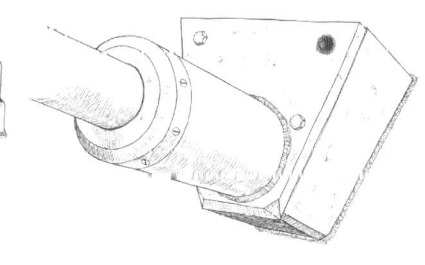

〔図36〕
Ⅲ号突撃砲G型 中期生産車　所属部隊不明
StuG.III Ausf.G Mid-model Unit Unknown

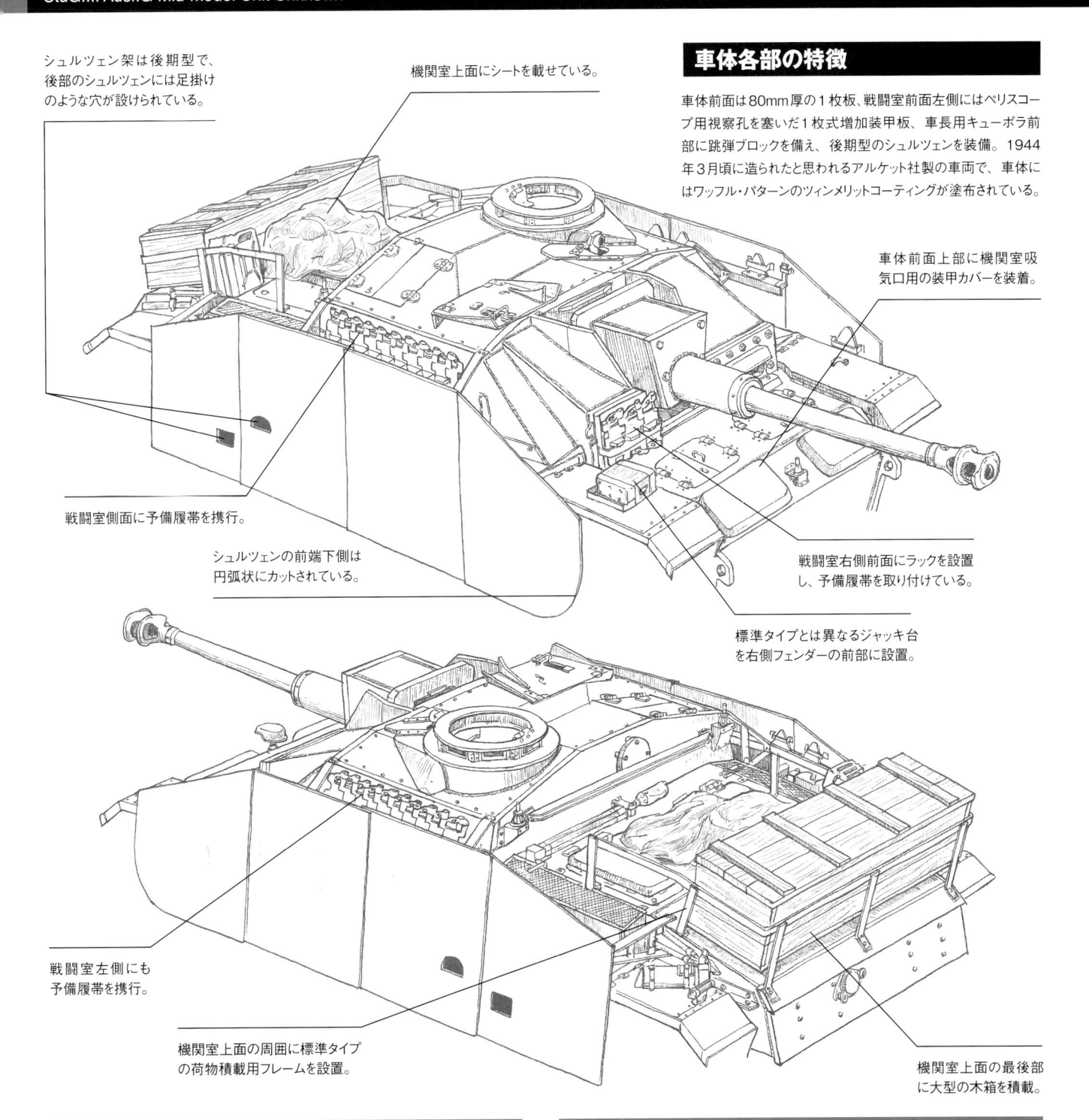

シュルツェン架は後期型で、後部のシュルツェンには足掛けのような穴が設けられている。

機関室上面にシートを載せている。

車体各部の特徴

車体前面は80mm厚の1枚板、戦闘室前面左側にはペリスコープ用視察孔を塞いだ1枚式増加装甲板、車長用キューポラ前部に跳弾ブロックを備え、後期型のシュルツェンを装備。1944年3月頃に造られたと思われるアルケット社製の車両で、車体にはワッフル・パターンのツィンメリットコーティングが塗布されている。

車体前面上部に機関室吸気口用の装甲カバーを装着。

戦闘室側面に予備履帯を携行。

シュルツェンの前端下側は円弧状にカットされている。

戦闘室右側前面にラックを設置し、予備履帯を取り付けている。

標準タイプとは異なるジャッキ台を右側フェンダーの前部に設置。

戦闘室左側にも予備履帯を携行。

機関室上面の周囲に標準タイプの荷物積載用フレームを設置。

機関室上面の最後部に大型の木箱を積載。

戦闘室前面

防御性向上のために現地部隊によって前面上部に機関室吸気口用装甲カバーが取り付けられている。また、前面の予備履帯ラックには中央に仕切り板が溶接されており、上面ハッチには取っ手が設置されている。

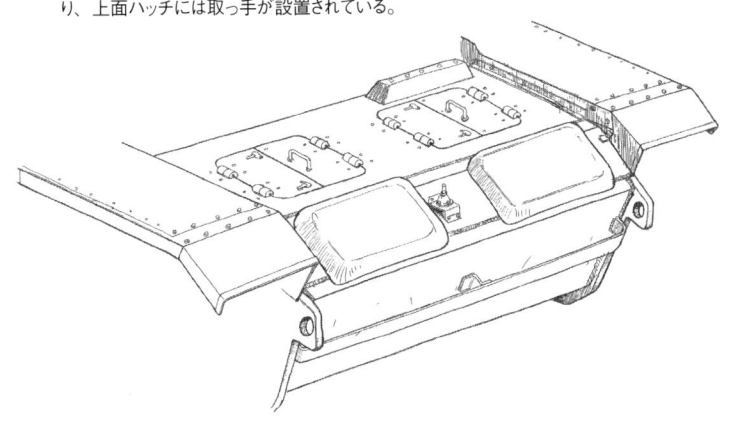

後期仕様のマズルブレーキ

後部張り出しの形状が円形となったタイプで、1944年1月から導入が始まり、同年半ばには多くの車両で見られるようになる。

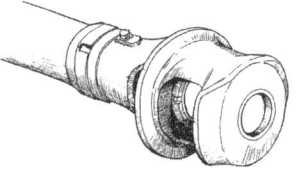

ジャッキ台

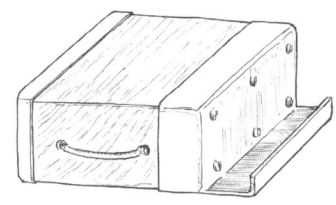

図36の車両は、標準タイプとは異なるジャッキ台を使用している。このジャッキ台は珍しいものではなく、写真では良く目にする。図は推定部分もある。

75

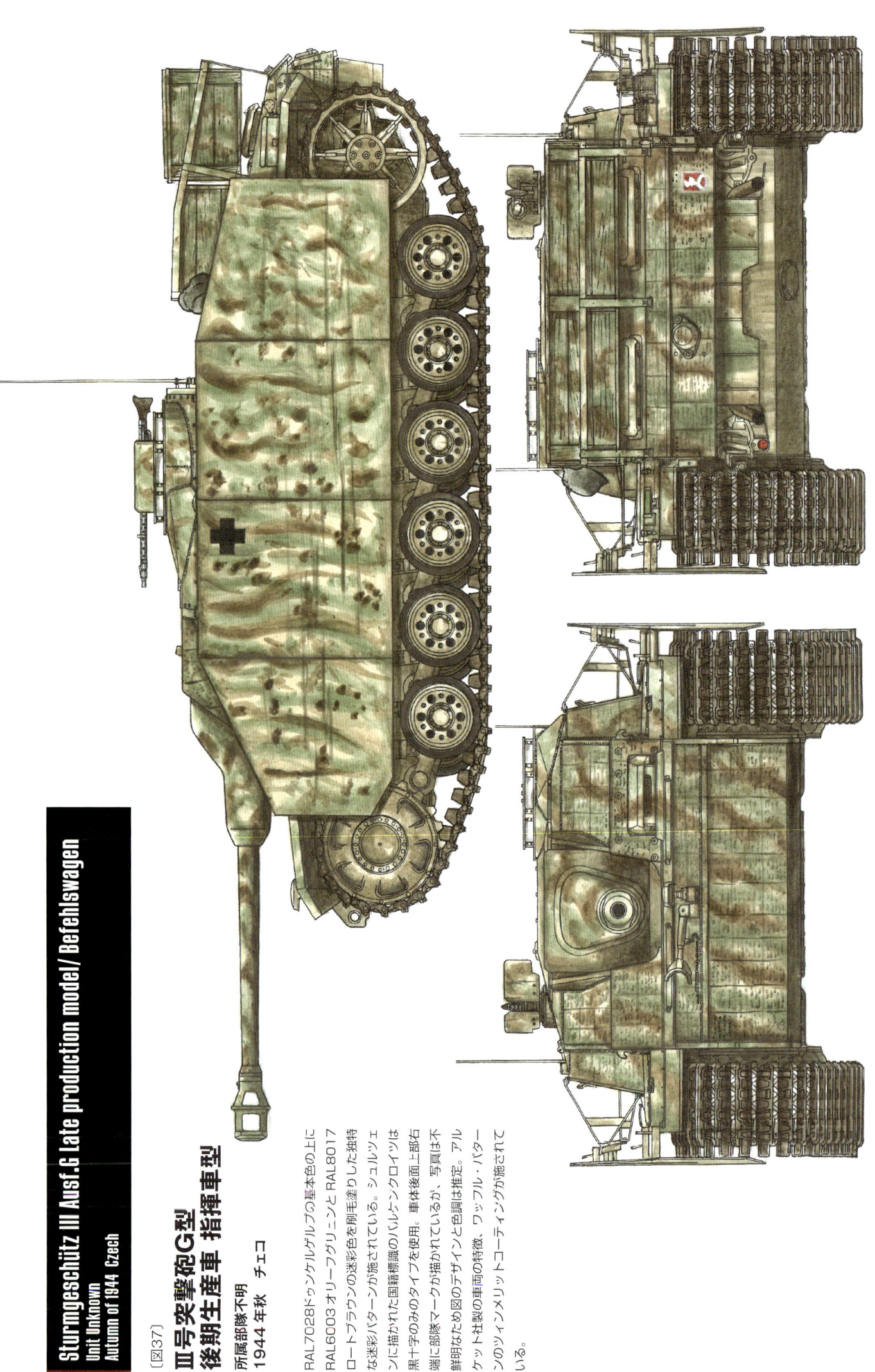

Sturmgeschütz III Ausf.G late production model / Befehlswagen
Unit Unknown
Autumn of 1944　Czech

[図37]
III号突撃砲G型
後期生産車 指揮車型

所属部隊不明
1944年秋　チェコ

RAL7028ドゥンケルゲルプの基本色の上にRAL6003オリーブグリューンとRAL8017ロートブラウンの迷彩色を刷毛塗りした独特な迷彩が施されている。シュルツェンに描かれた国籍標識のバルケンクロイツは黒十字のみのタイプを使用。車体後面上部右端に部隊マークが描かれているが、写真は不鮮明なため図のデザインと色調は推定。アルケット社製の車両の特徴、ツィンメリット・コーティングのワッフル・パターンのツイン・メリットコーティングが施されている。

Sturmgeschütz III Ausf.G late production model

[図38]
Ⅲ号突撃砲G型
後期生産車

Sturmgeschütz Brigade 280
September 1944 Netherland/Arnhem

第280突撃砲旅団所属車
1944年9月 オランダ/アルンヘム

基本色RAL7028ドゥンケルゲルブと迷彩色RAL6003オリーブグリュン、RAL8017ロートブラウンによる3色迷彩。全体的に迷彩色を不規則に吹き付けた迷彩パターンとなっているが、左側最前部のシュルツェンのみ、迷彩色の中にドゥンケルゲルブの斑点が塗られているのが特徴。おそらくこのシュルツェンのみ他の車両からの流用品と思われる。車体にはツィンメリット・コーティングのツィメリットコーティングのワッフル・パターンを塗布している。

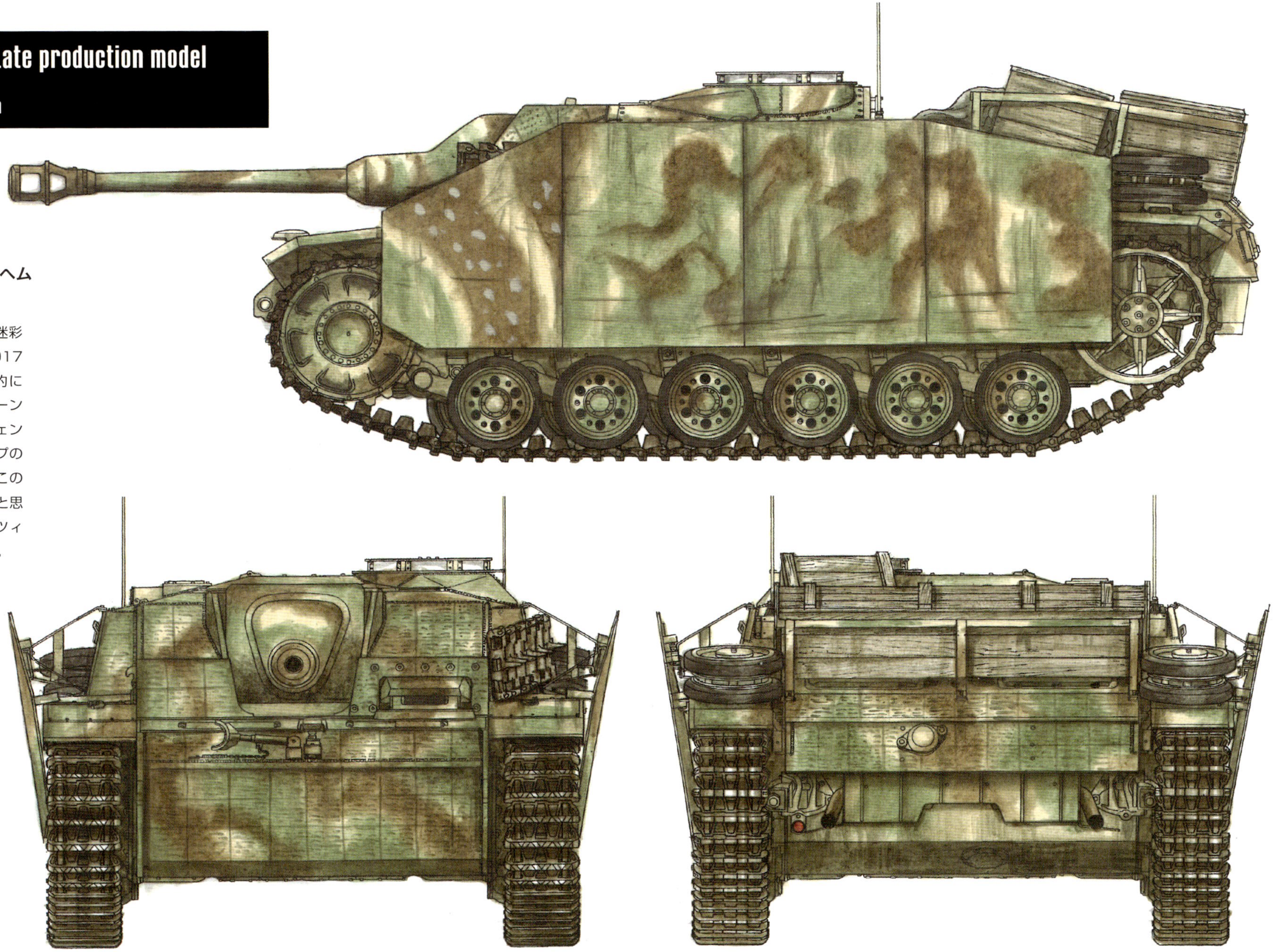

〔図37〕
Ⅲ号突撃砲G型 後期生産車 指揮車型 所属部隊不明
StuG.III Ausf.G Bef.Wg. Unit Unknown

機関室上面の前部に中型の木箱を載せている。

近接防御兵器は未装備と思われる。

車体各部の特徴

戦闘室前面右側も80mm厚の1枚板となり、車体前部にトラベリングクランプ、車長用キューポラ前部に跳弾ブロック、左右開き式の装填手用ハッチの前方には車内操作式MG34を設置。シュルツェンは後期型で、防盾はザウコプフを使用。1944年6月頃にアルケット社で造られたG型後期生産車の指揮車型で、車体にはワッフル・パターンのツィンメリットコーティングが塗布されている。履帯は冬期用のオストケッテを装着。

機関室上面に標準タイプの荷物積載用フレームを設置。

右側のアンテナ基部には装甲ガードを装着し、指揮車用のシュテルンアンテナを装備。

機関室の最後部には大型の木箱を積んでいる。

荷物用フレームのこの位置に乗員用のヘルメットをぶら下げている。

履帯用工具箱は左側フェンダーの最後部に設置。

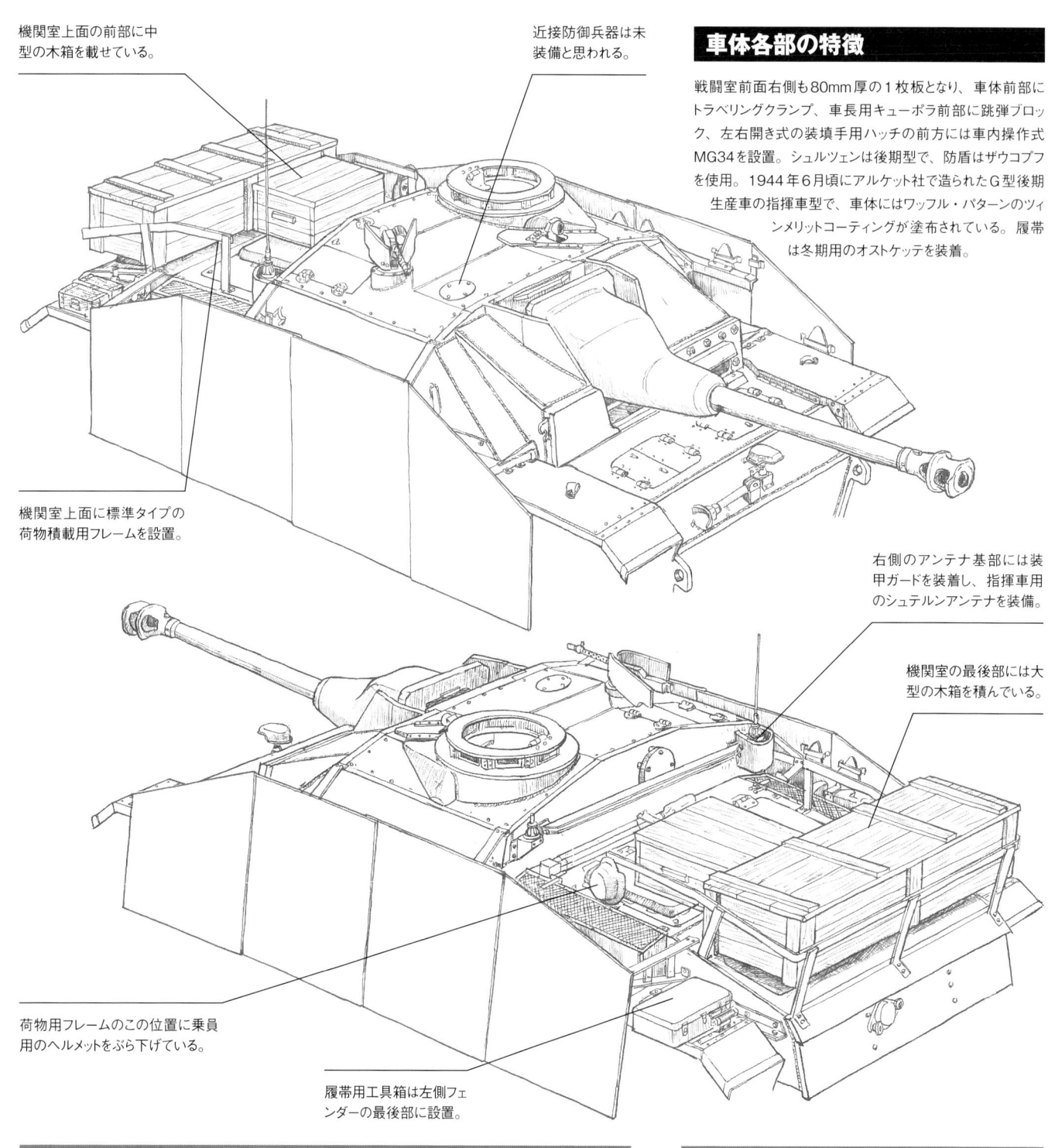

後期型のシュルツェン架

シュルツェン内側に装着した金具に、シュルツェン架の三角板を差し込んで固定する。初期型に比べ、シュルツェンが外れにくくなった。

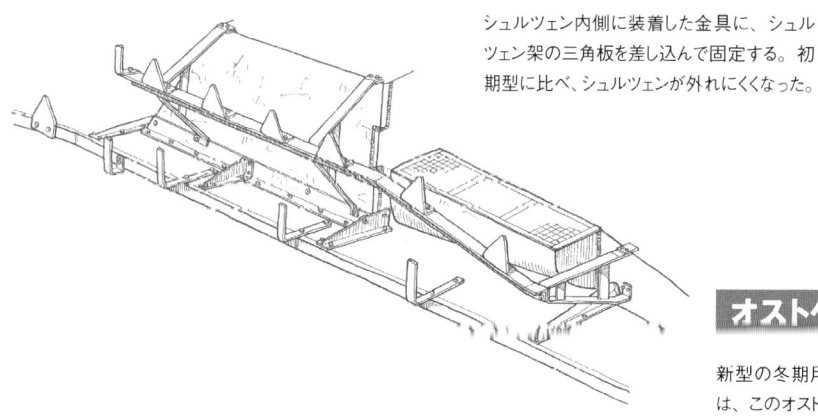

車体後面

後期生産車では、上部内側の仕切り板が4枚から2枚に減ったため、それを固定するためのリベットも2列となっている。

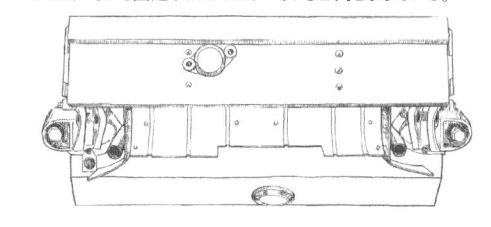

オストケッテ

新型の冬期用履帯。図37の車両は、このオストケッテを装着している。

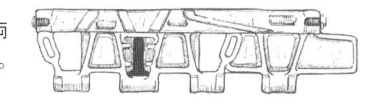

[図38]
Ⅲ号突撃砲G型 後期生産車 第280突撃砲旅団所属車
StuG.III Ausf.G Late-model StuG.Brig.280

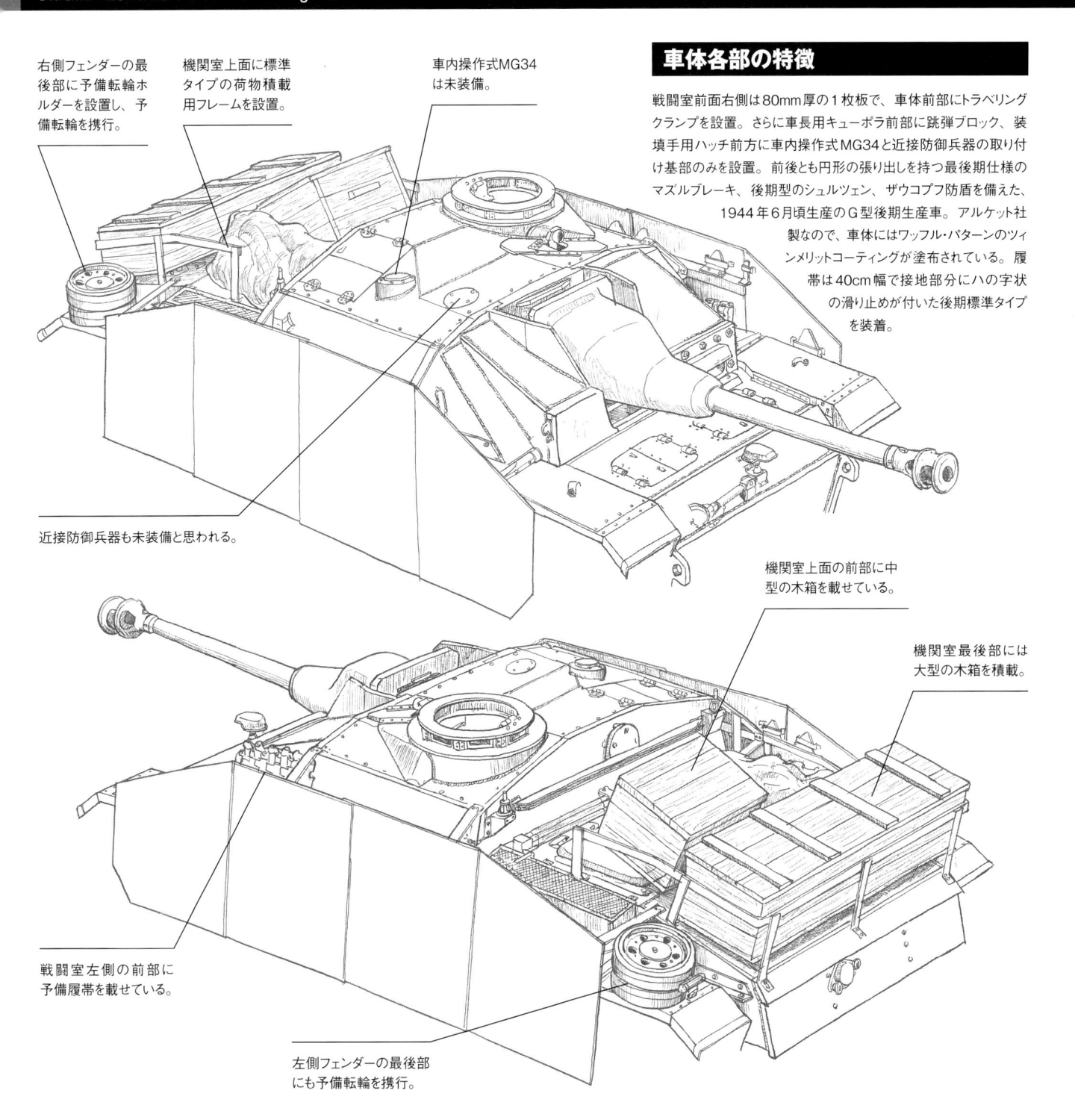

右側フェンダーの最後部に予備転輪ホルダーを設置し、予備転輪を携行。

機関室上面に標準タイプの荷物積載用フレームを設置。

車内操作式MG34は未装備。

車体各部の特徴

戦闘室前面右側は80mm厚の1枚板で、車体前部にトラベリングクランプを設置。さらに車長用キューポラ前部に跳弾ブロック、装填手用ハッチ前方に車内操作式MG34と近接防御兵器の取り付け基部のみを設置。前後とも円形の張り出しを持つ最後期仕様のマズルブレーキ、後期型のシュルツェン、ザウコプフ防盾を備えた、1944年6月頃生産のG型後期生産車。アルケット社製なので、車体にはワッフル・パターンのツィンメリットコーティングが塗布されている。履帯は40cm幅で接地部分にハの字状の滑り止めが付いた後期標準タイプを装着。

近接防御兵器も未装備と思われる。

機関室上面の前部に中型の木箱を載せている。

機関室最後部には大型の木箱を積載。

戦闘室左側の前部に予備履帯を載せている。

左側フェンダーの最後部にも予備転輪を携行。

後期生産車の戦闘室

装填手用ハッチ前部の車内操作式MG34は1944年3月から制式化されるが、本格的な導入はかなり遅れた。また、近接防御兵器の装備化は5月だが、これも供給が安定するのは9月になってからであった。

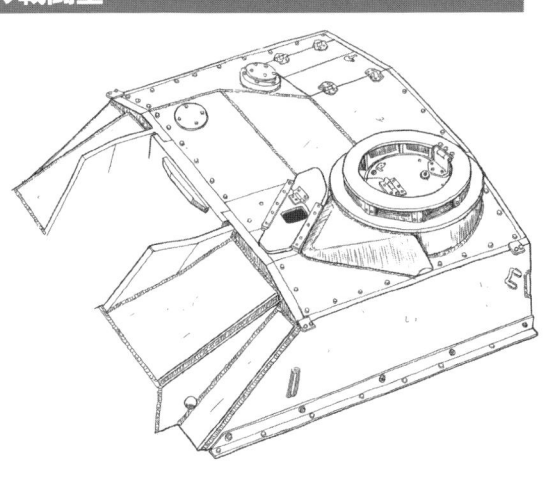

戦闘室前面

1944年4月以降、戦闘室前面右側の増加装甲板を廃止し、80mm厚の1枚板に変更される。

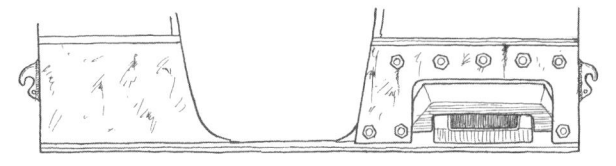

ハブキャップがない起動輪

後期生産車では、起動輪のハブキャップを外した車両が多い。

Sturmgeschütz III Ausf.G late production model
Panzerbrigade 150, Kampfgruppe Y
December 1944 Belgium/Malmedy

[図39]
Ⅲ号突撃砲G型 後期生産車
第150戦車旅団Y戦闘団所属車 1944年12月 ベルギー/マルメディー

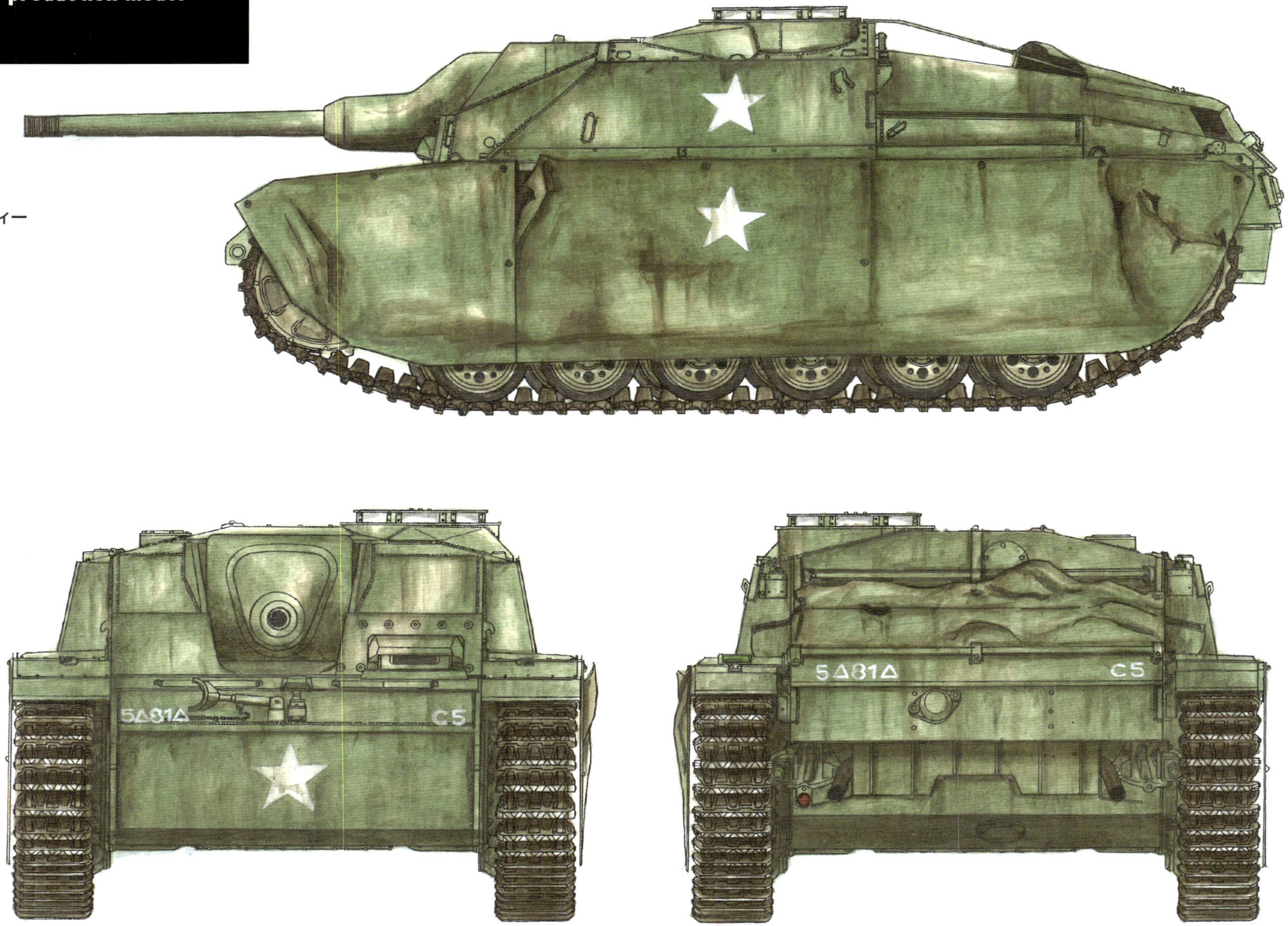

アルデンヌ戦の"グライフ作戦"で使用された第150戦車旅団の車両。アメリカ軍車両に偽装するために車体に改造を施している。全体をグリーン系の塗料で再塗装している。捕獲時の写真を見ると、泥や錆などが加わって塗装面はかなり斑状に見えるが、当初からグリーンは薄めに塗られていたのではないかと思われる。車体前面と戦闘室側面、シュルツェンにアメリカ軍国籍標識の白星マークを描き、さらに車体前面上部と車体後面上部にはアメリカ軍部隊コード"5△81△ C5 (実5号機甲師団第81機甲連隊C中隊5号車を示す)"が描き込まれている。

Sturmgeschütz III [modified by the unit ?]
Unit Unknown
April 1945 Eastern Front / Fischhausen

[図40]
Ⅲ号突撃砲
現地部隊改造車？

所属部隊不明
1945年4月 東部戦線／フィッシュハウゼン

車長用にキューポラではなく、左右開き式のハッチを設置し、さらにシュルツェンも部隊作製らしきものを装着した珍しい車両（戦車車台を転用）。塗装は、RAL6003オリーブグリュンを基本色とし、RAL7028ドゥンケルゲルブ、RAL8017ロートブラウンを用いた3色迷彩で、ドゥンケルゲルブの塗布面積がかなり少なく、シュルツェンに施されたX字パターンの迷彩が特徴。国籍標識バルケンクロイツは黒十字のみのタイプで、コンクリートを盛った戦闘室前面両側面と車体後面に描かれている。

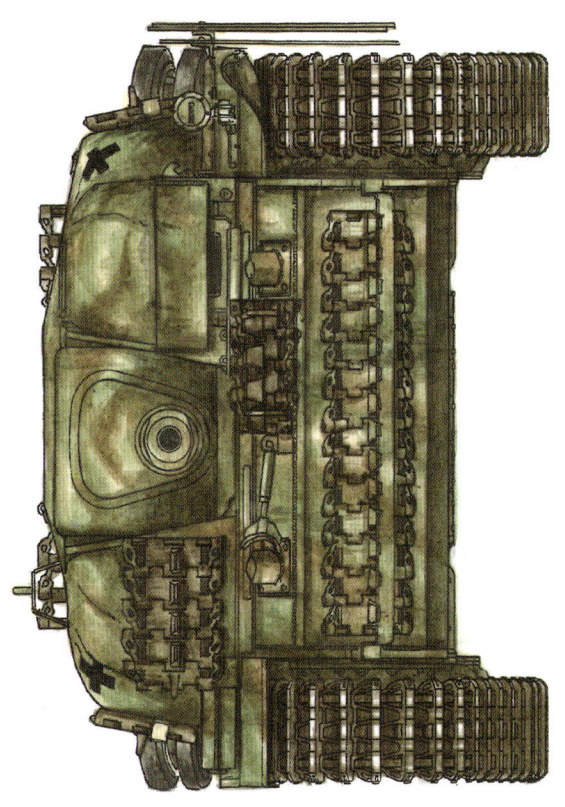

[図39]

Ⅲ号突撃砲G型 後期生産車 第150戦車旅団Y戦闘団所属車
StuG.III Ausf.G Late-model Pz.Brig.150, Kpf.Gruppe Y

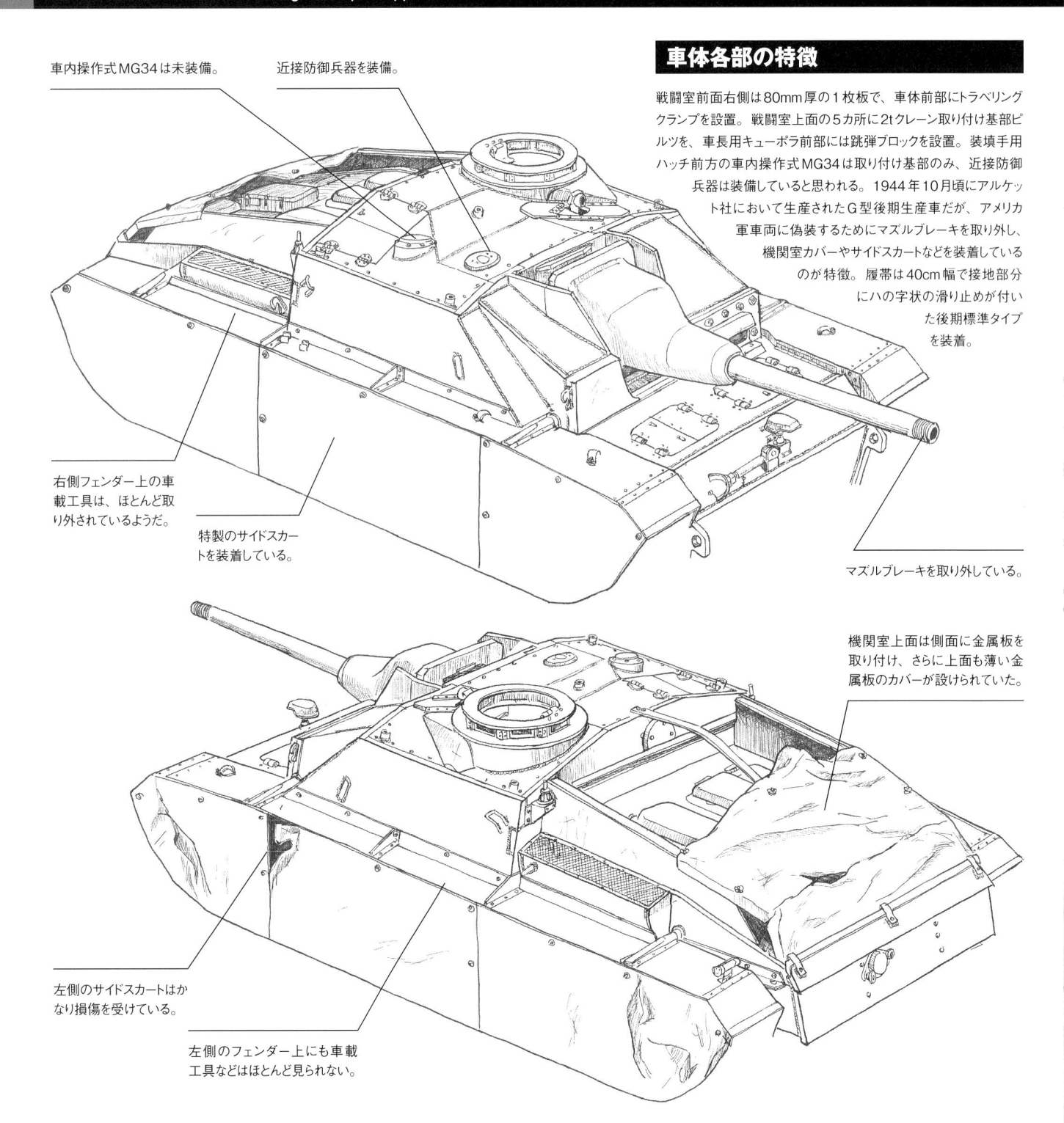

車内操作式MG34は未装備。

近接防御兵器を装備。

車体各部の特徴

戦闘室前面右側は80mm厚の1枚板で、車体前部にトラベリングクランプを設置。戦闘室上面の5カ所に2tクレーン取り付け基部ピルツを、車長用キューポラ前部には跳弾ブロックを設置。装填手用ハッチ前方の車内操作式MG34は取り付け基部のみ、近接防御兵器は装備していると思われる。1944年10月頃にアルケット社において生産されたG型後期生産車だが、アメリカ軍車両に偽装するためにマズルブレーキを取り外し、機関室カバーやサイドスカートなどを装着しているのが特徴。履帯は40cm幅で接地部分にハの字状の滑り止めが付いた後期標準タイプを装着。

右側フェンダー上の車載工具は、ほとんど取り外されているようだ。

特製のサイドスカートを装着している。

マズルブレーキを取り外している。

機関室上面は側面に金属板を取り付け、さらに上面も薄い金属板のカバーが設けられていた。

左側のサイドスカートはかなり損傷を受けている。

左側のフェンダー上にも車載工具などはほとんど見られない。

最後期生産車の戦闘室

2tクレーン取り付け基部のピルツは、1944年10月から図のように上面5カ所に設置されるようになった。

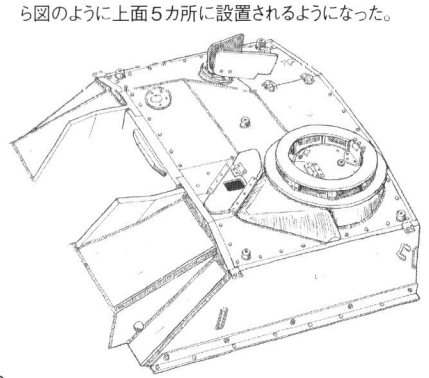

車体後部

図39の車両の車体後面上部には機関室上面の金属カバーを固定するための板が取り付けられている。その板は、図のように荷物積載用フレーム基部の金具を利用して設置されていた。

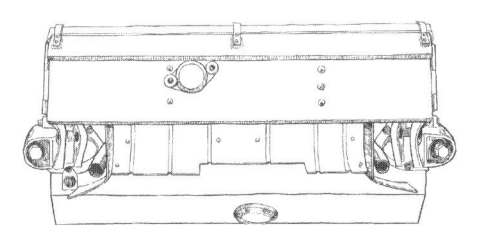

40cm幅の後期標準タイプの履帯

接地部分にハの字状の滑り止めがある。図39の他に図38、図41の車両もこのタイプの履帯を装着している。

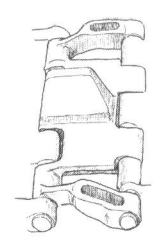

〔図40〕
Ⅲ号突撃砲 現地部隊改造車？ 所属部隊不明
StuG.III Ausf.G modified Unit Unknown

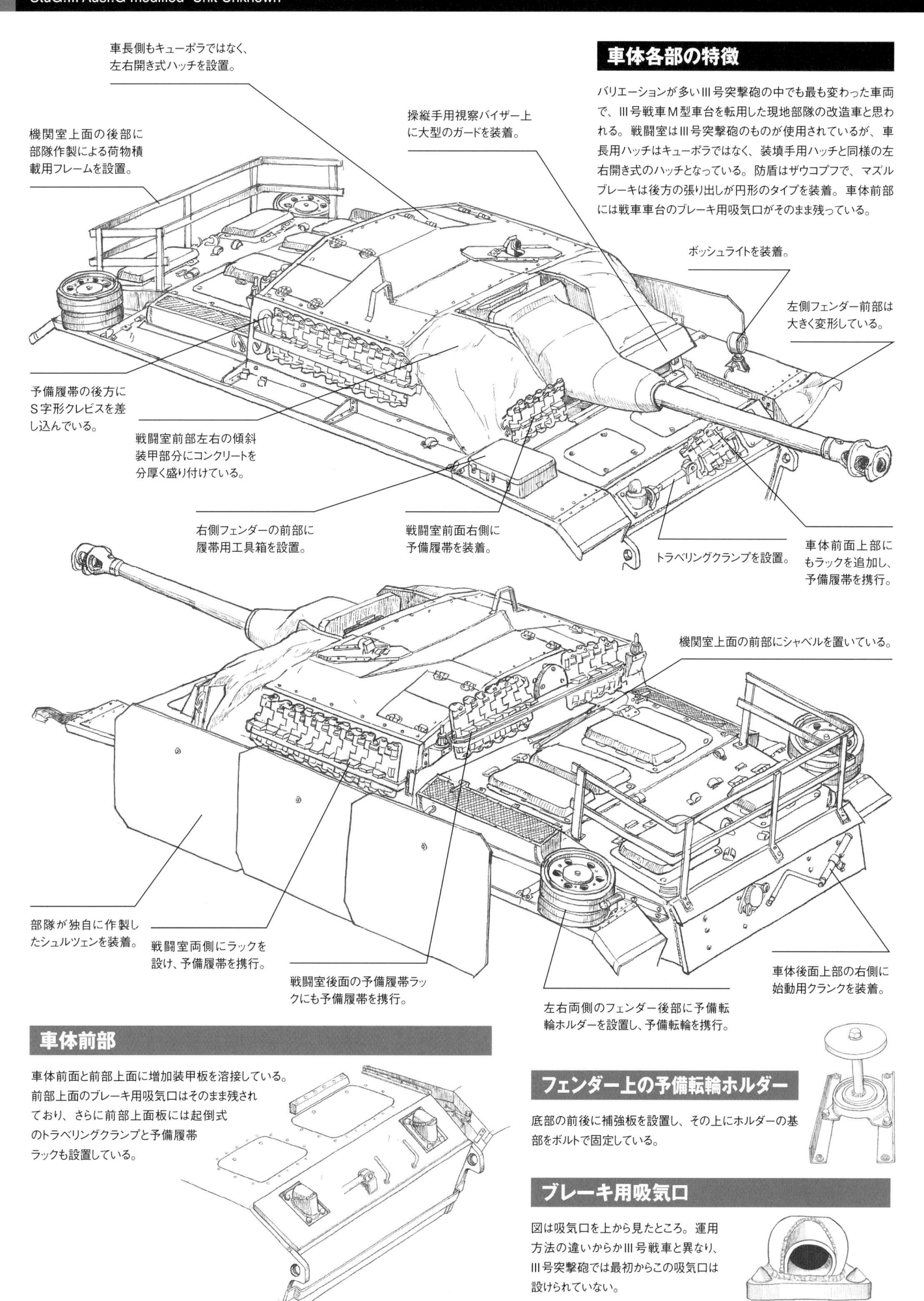

車長側もキューポラではなく、左右開き式ハッチを設置。

機関室上面の後部に部隊作製による荷物積載用フレームを設置。

操縦手用視察バイザー上に大型のガードを装着。

車体各部の特徴

バリエーションが多いⅢ号突撃砲の中でも最も変わった車両で、Ⅲ号戦車M型車台を転用した現地部隊の改造車と思われる。戦闘室はⅢ号突撃砲のものが使用されているが、車長用ハッチはキューポラではなく、装填手用ハッチと同様の左右開き式のハッチとなっている。防盾はザウコプフで、マズルブレーキは後方の張り出しが円形のタイプを装着。車体前部には戦車車台のブレーキ用吸気口がそのまま残っている。

ボッシュライトを装着。

左側フェンダー前部は大きく変形している。

予備履帯の後方にS字形クレビスを差し込んでいる。

戦闘室前部左右の傾斜装甲部分にコンクリートを分厚く盛り付けている。

右側フェンダーの前部に履帯用工具箱を設置。

戦闘室前面右側に予備履帯を装着。

トラベリングクランプを設置。

車体前面上部にもラックを追加し、予備履帯を携行。

機関室上面の前部にシャベルを置いている。

部隊が独自に作製したシュルツェンを装着。

戦闘室両側にラックを設け、予備履帯を携行。

戦闘室後面の予備履帯ラックにも予備履帯を携行。

左右両側のフェンダー後部に予備転輪ホルダーを設置し、予備転輪を携行。

車体後面上部の右側に始動用クランクを装着。

車体前部

車体前面と前部上面に増加装甲板を溶接している。前部上面のブレーキ用吸気口はそのまま残されており、さらに前部上面板には起倒式のトラベリングクランプと予備履帯ラックも設置している。

フェンダー上の予備転輪ホルダー

底部の前後に補強板を設置し、その上にホルダーの基部をボルトで固定している。

ブレーキ用吸気口

図は吸気口を上から見たところ。運用方法の違いからかⅢ号戦車と異なり、Ⅲ号突撃砲では最初からこの吸気口は設けられていない。

Sturmgeschütz III Ausf.G late production model
Unit Unknown
Spring of 1945 Germany

[図41]
Ⅲ号突撃砲G型 後期生産車

所属部隊不明
1945年春 ドイツ

塗装は、RAL6003 オリーフグリュンを基本色とし、RAL7028 ドゥンケルゲルプとRAL8017 ロートブラウンを迷彩色として塗布した3色迷彩のようだが、シュルツェン部分はドゥンケルゲルプを基本色とし、オリーフグリュンとロートブラウンを吹き付けて迷彩をしているように見える。

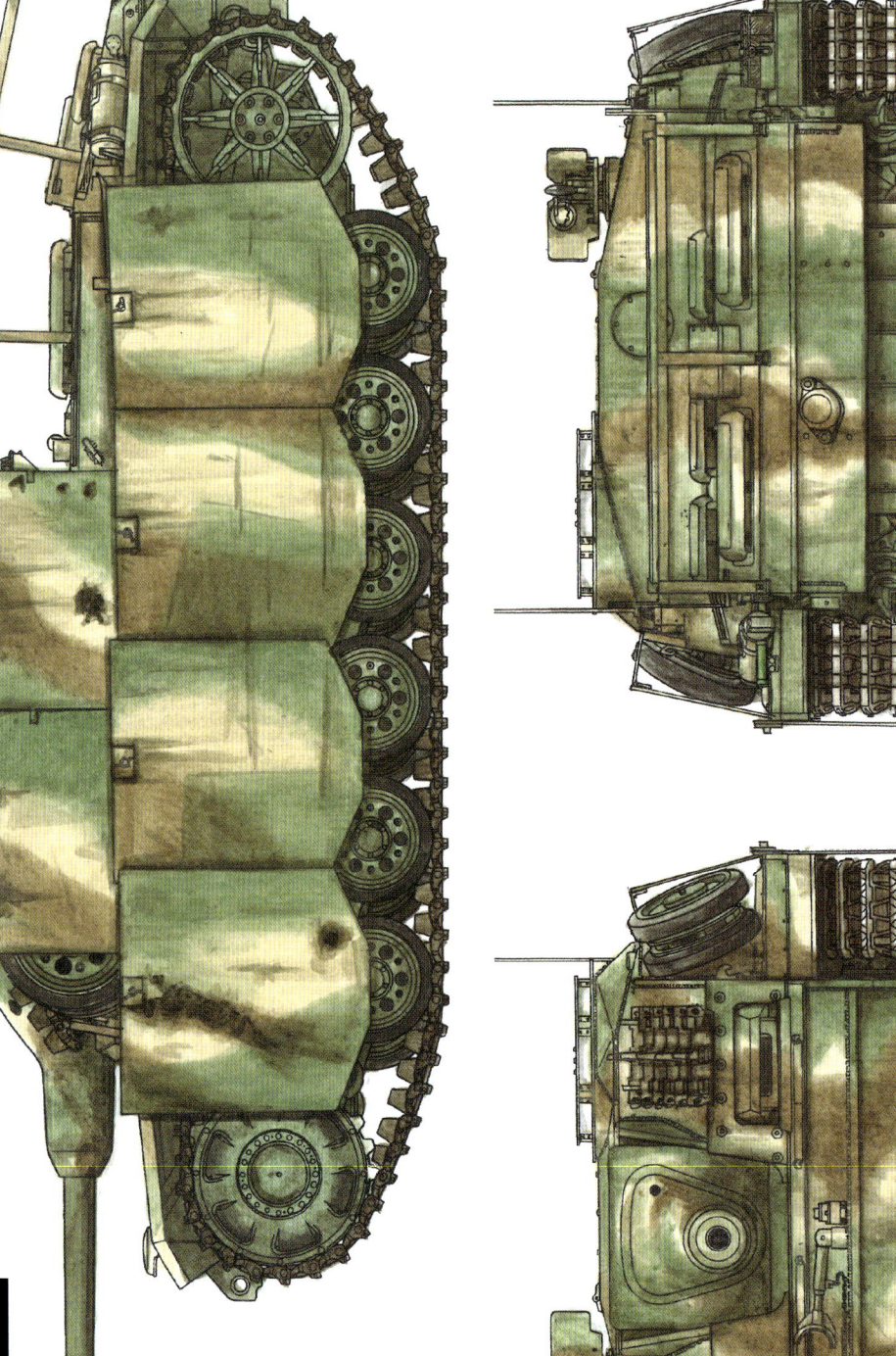

Sturmgeschütz III Ausf.G late production modell
Unit Unknown 1944 Estonia

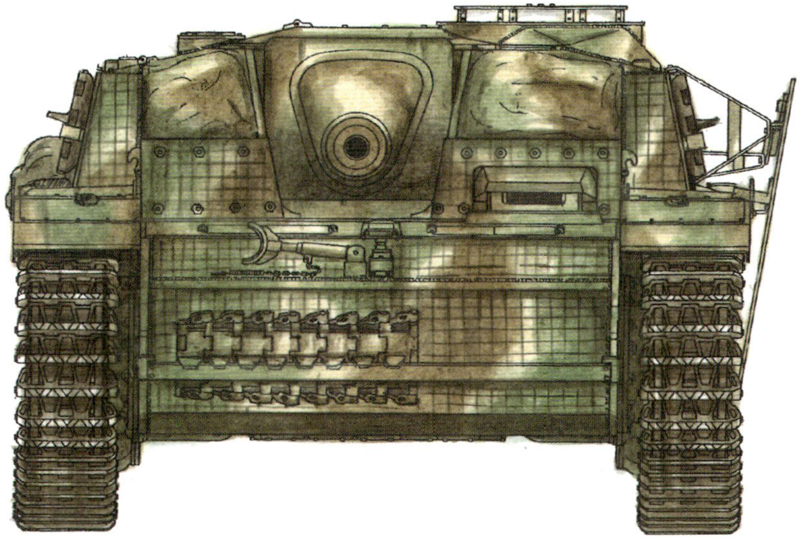

[図42]
Ⅲ号突撃砲G型 後期生産車
所属部隊不明
1944年 エストニア

RAL7028ドゥンケルゲルプの基本色の上にRAL6003オリーブグリュンとRAL8017ロートブラウンで迷彩を施した3色迷彩。ザウコプフの側面に白のシャドウ付きの黒色で"TIGERHAI"（虎サメ）のニックネームを描き、左側に残っている最前部のシュルツェン上部には国籍標識のバルケンクロイツが描かれている。車体に施されたツィンメリットコーティングは細かい格子状パターンとなっている。

III号突撃砲G型 後期生産車 所属部隊不明
StuG.III Ausf.G Late-model Unit Unknown

戦闘室側面前部に予備転輪を載せている。

戦闘室前部左側に予備履帯を装着。

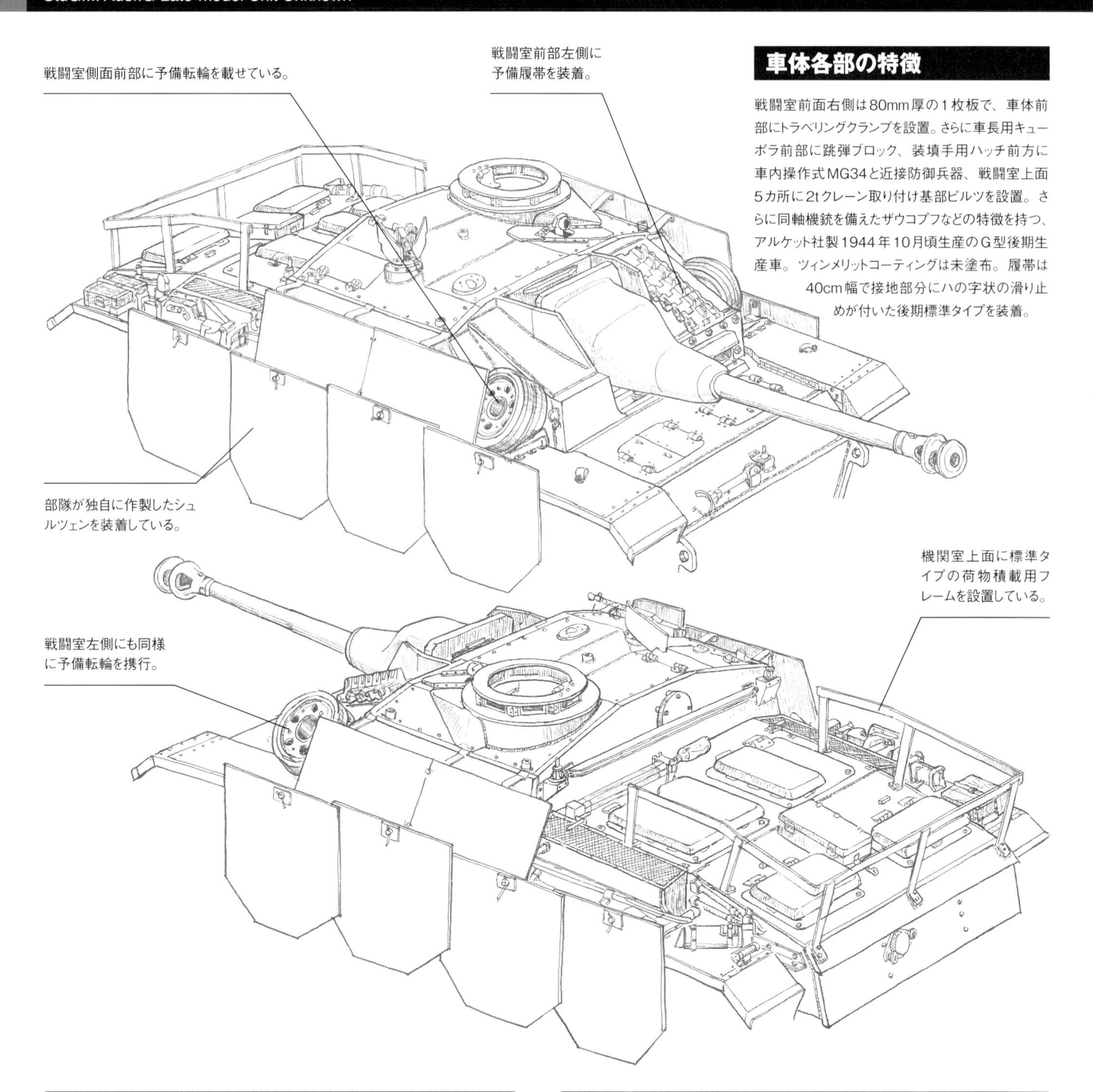

車体各部の特徴

戦闘室前面右側は80mm厚の1枚板で、車体前部にトラベリングクランプを設置。さらに車長用キューポラ前部に跳弾ブロック、装填手用ハッチ前方に車内操作式MG34と近接防御兵器、戦闘室上面5カ所に2tクレーン取り付け基部ピルツを設置。さらに同軸機銃を備えたザウコプフなどの特徴を持つ、アルケット社製1944年10月頃生産のG型後期生産車。ツィンメリットコーティングは未塗布。履帯は40cm幅で接地部分にハの字状の滑り止めが付いた後期標準タイプを装着。

部隊が独自に作製したシュルツェンを装着している。

戦闘室左側にも同様に予備転輪を携行。

機関室上面に標準タイプの荷物積載用フレームを設置している。

同軸機銃装備のザウコプフ

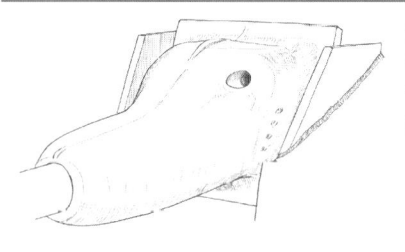

アルケット社において1944年9月の生産車からザウコプフに同軸機銃を装備するようになる。

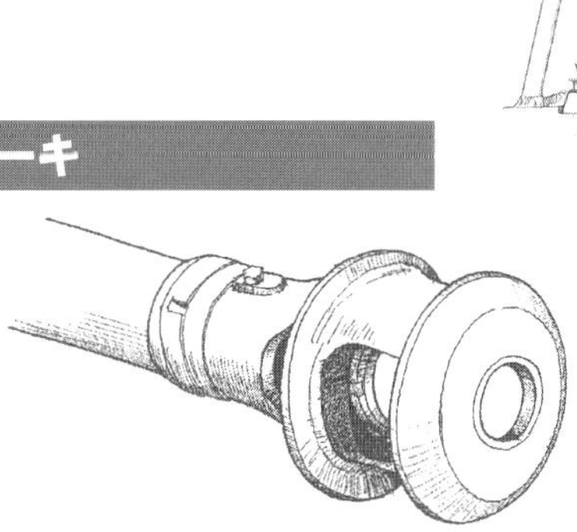

防盾の裏側

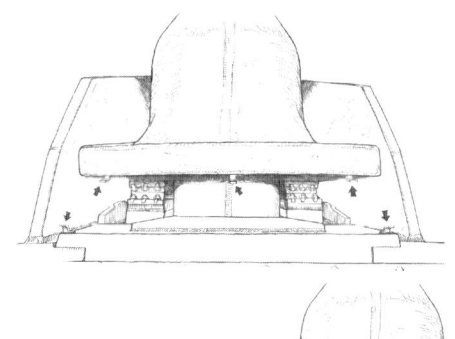

防盾の裏側と戦闘室の前面にはキャンバス・カバーを固定するための小フック(上図の矢印)が取り付けられており、図のようにキャンバス・カバーを装着することができる(下図)。

最後期仕様のマズルブレーキ

前後の張り出しが円形になったマズルブレーキは、1944年末に導入が始まった。

〔図42〕
Ⅲ号突撃砲G型 後期生産車 所属部隊不明
StuG.III Ausf.G Late-model Unit Unknown

車体各部の特徴

車体前部にトラベリングクランプを設置しているが、戦闘室前面右側は旧仕様のボルト留めの増加装甲板を装着している。装填手用ハッチは左右開き式で、車内操作式MG34の基部を設置しているが、戦闘室上面の詳細は不明。防盾はザウコプフで、マズルブレーキは前後ともに円形の張り出しがある最後期仕様を装着。1944年半ばにアルケット社で造られたG型後期生産車だが、ツィンメリットコーティングは細かな格子状パターンとなっている。

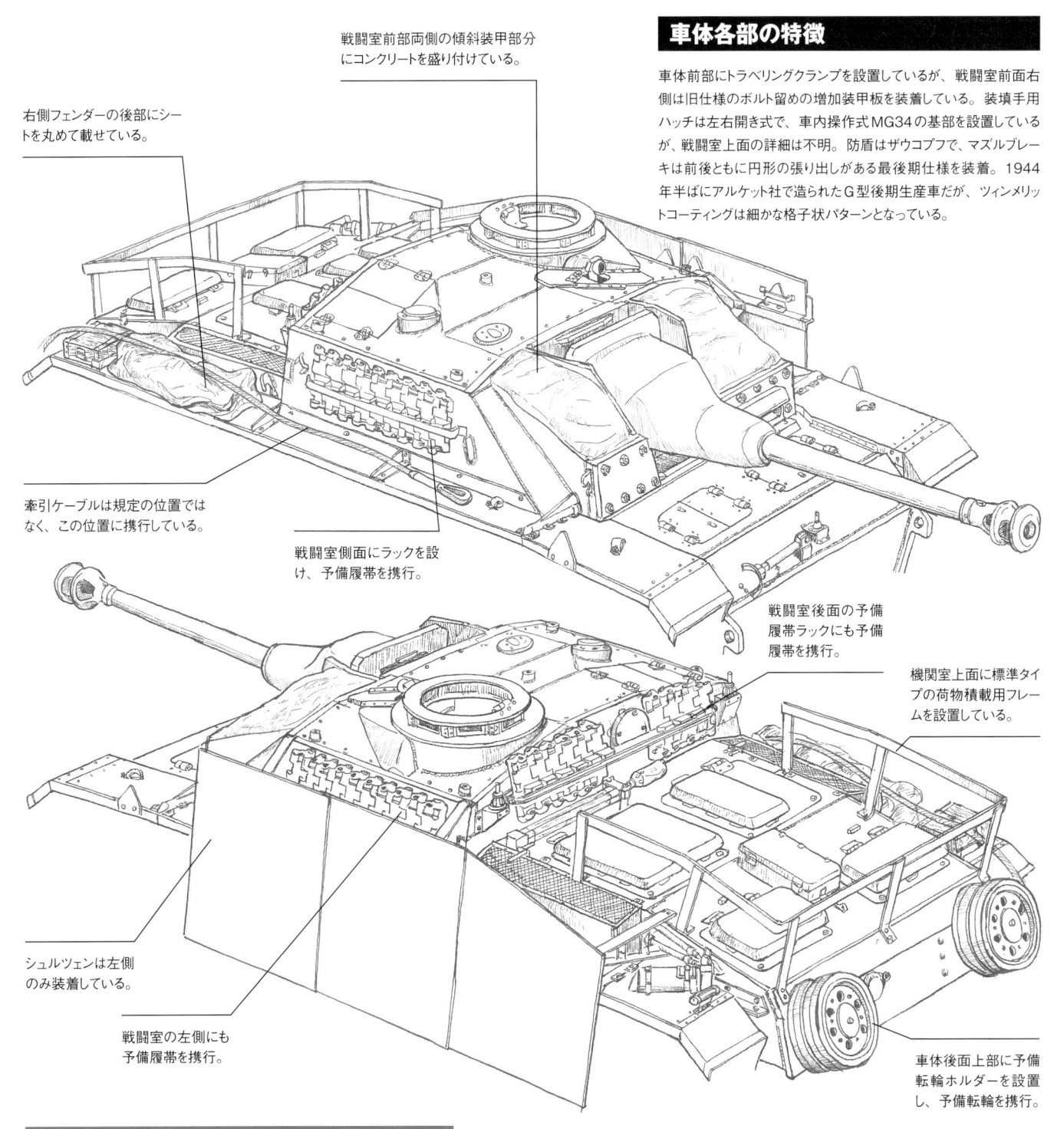

右側フェンダーの後部にシートを丸めて載せている。

戦闘室前部両側の傾斜装甲部分にコンクリートを盛り付けている。

牽引ケーブルは規定の位置ではなく、この位置に携行している。

戦闘室側面にラックを設け、予備履帯を携行。

戦闘室後面の予備履帯ラックにも予備履帯を携行。

機関室上面に標準タイプの荷物積載用フレームを設置している。

シュルツェンは左側のみ装着している。

戦闘室の左側にも予備履帯を携行。

車体後面上部に予備転輪ホルダーを設置し、予備転輪を携行。

戦闘室の後面付近

1944年8月頃から戦闘室後面中央の上縁に機関室点検ハッチを開いた際にハッチを固定するためのワイヤー式フックが取り付けられるようになった。

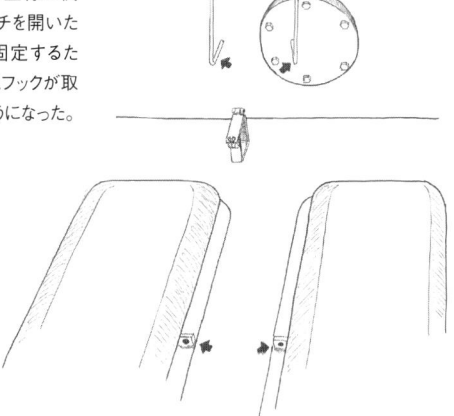

全鋼製の上部支持転輪

リブが付いた全鋼製の上部支持転輪のバリエーション2種。左図のリブのみの転輪は1943年11月頃からMIAG社の生産車で、また右図の穴開きタイプは同時期にアルケット社の生産車で使用が始まった。

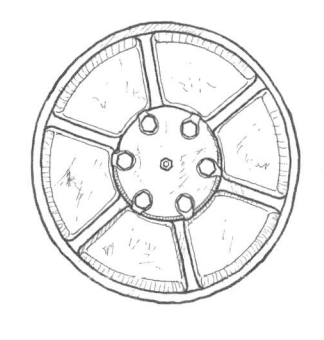

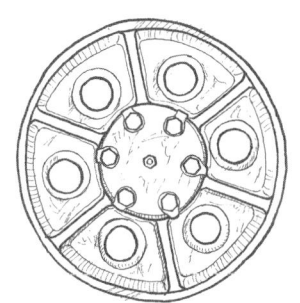

Sturmgeschütz III Ausf.G late production model
10.Panzergrenadier Division, No.123
May 1945　Czech/Moravia

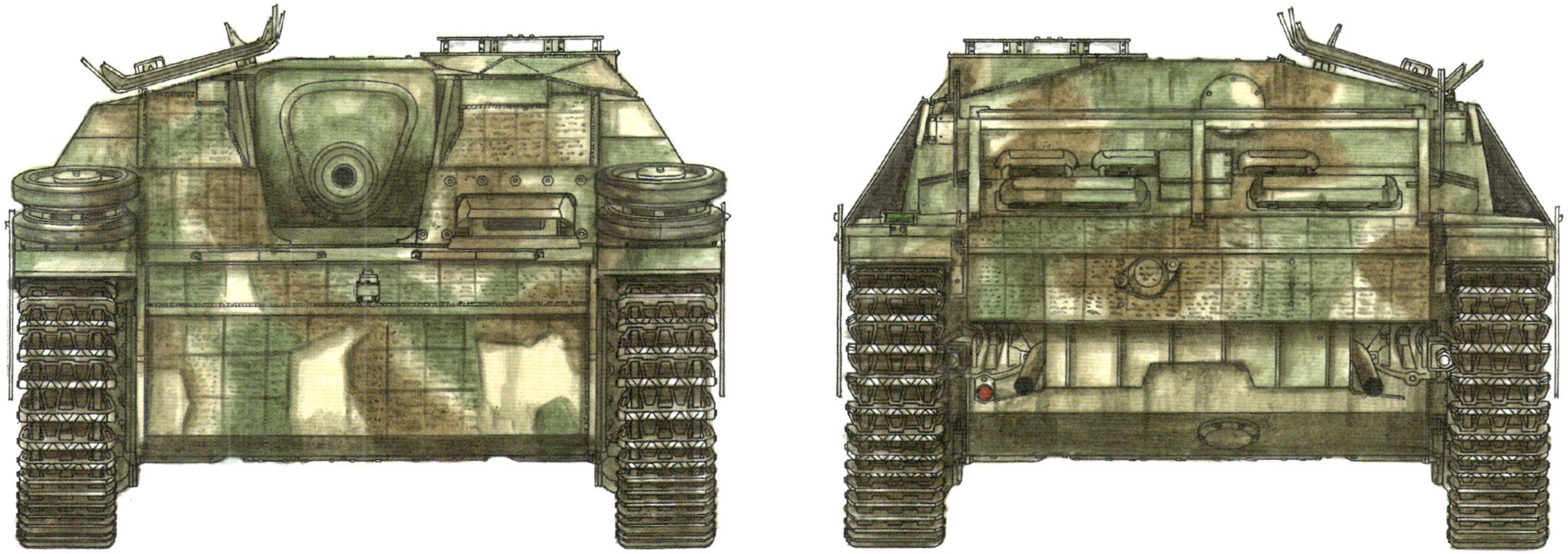

[図43]
Ⅲ号突撃砲G型 後期生産車
第10装甲擲弾兵師団123号車
1945年5月　チェコ／モラビア

RAL7028ドゥンケルゲルプの基本色の上に迷彩色のRAL6003オリーブグリュンとRAL8017ロートブラウンを広範囲に吹き付けた3色迷彩。迷彩塗装は予備転輪にまで及んでおり、シュルツェンに国籍標識のバルケンクロイツと白縁付きの黒色で車両番号"123"を描いている。この時期には珍しく車体にはツヴィッケル・パターンのヴィンメリットコーティングが塗布されているが、かなり剥離した箇所が見られる。

Sturmgeschütz III Ausf.G late production model
Unit Unknown
Spring of 1945　Germany

[図44]
Ⅲ号突撃砲G型
後期生産車

所属部隊不明
1945年春　ドイツ

下地に塗った錆留めのレッドプライマー（オキサイドレッド色）をロートブラウンの代用としてそのまま生かし、その上にRAL7028 ドゥンケルゲルプとRAL6003 オリーブグリュンを薄く吹き付けて迷彩を施している。国籍標識を含めマーキングの類いは一切描かれていない。

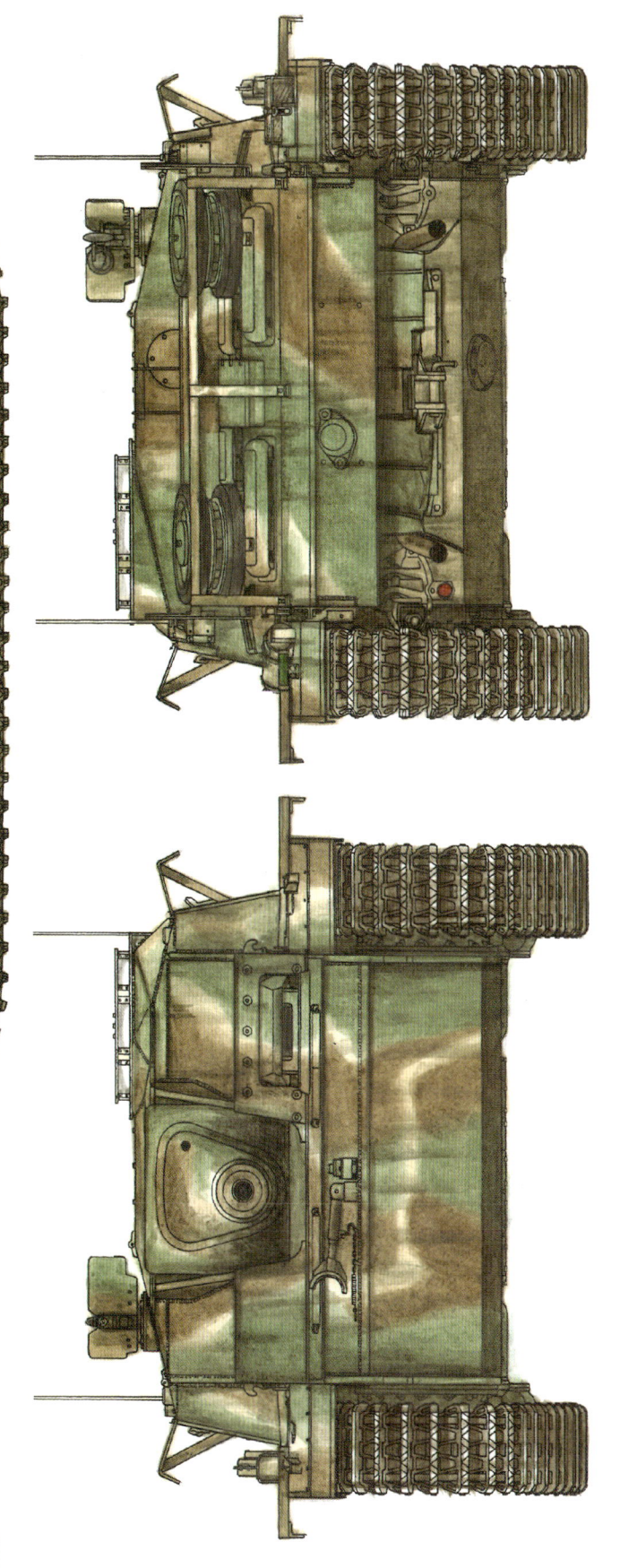

[図43]
III号突撃砲G型 後期生産車 第10装甲擲弾兵師団123号車
StuG.III Ausf.G Late-model 10.Pz.Gr.Div., No.123

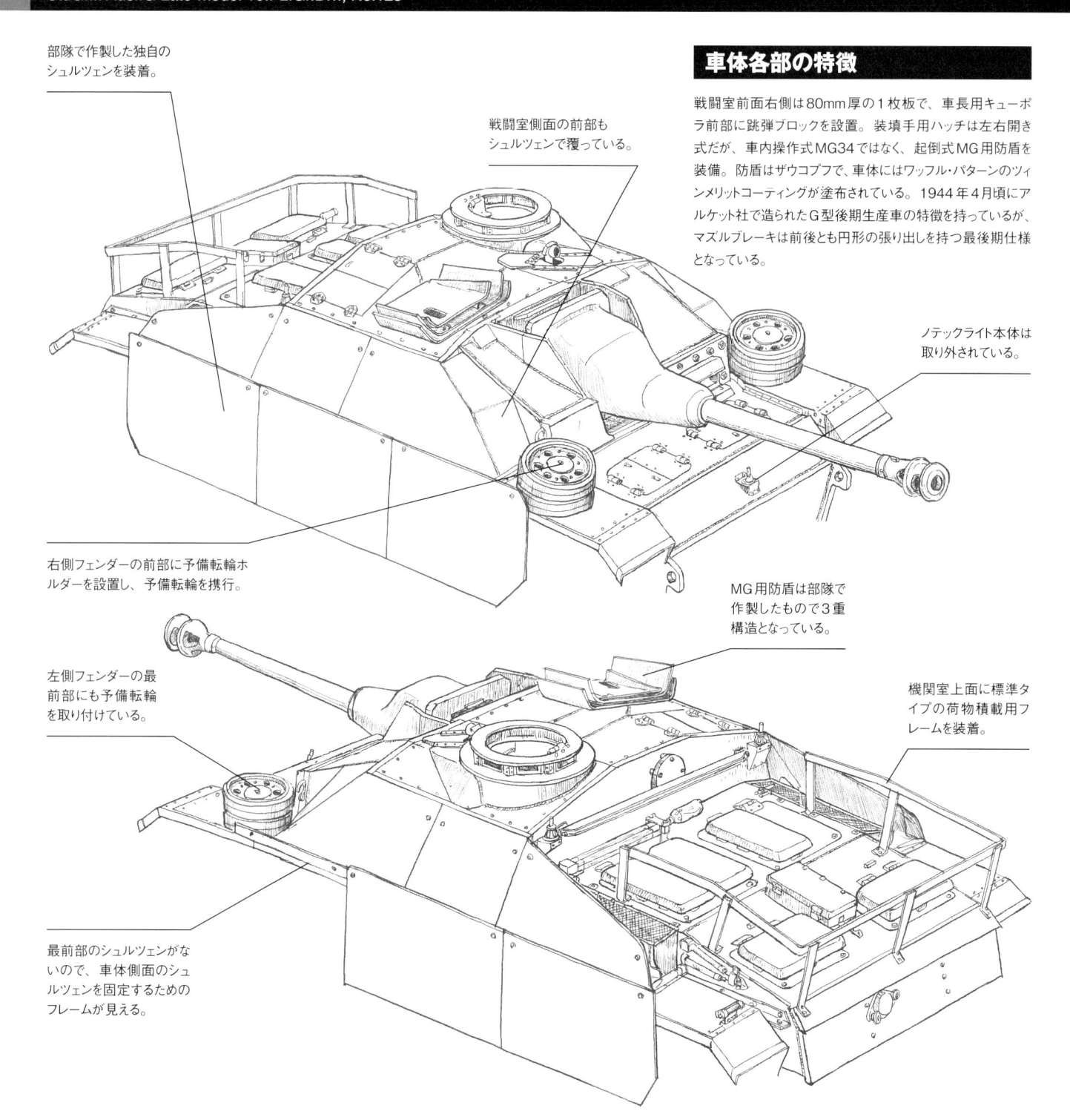

部隊で作製した独自のシュルツェンを装着。

戦闘室側面の前部もシュルツェンで覆っている。

車体各部の特徴

戦闘室前面右側は80mm厚の1枚板で、車長用キューポラ前部に跳弾ブロックを設置。装填手用ハッチは左右開き式だが、車内操作式MG34ではなく、起倒式MG用防盾を装備。防盾はザウコプフで、車体にはワッフル・パターンのツィンメリットコーティングが塗布されている。1944年4月頃にアルケット社で造られたG型後期生産車の特徴を持っているが、マズルブレーキは前後とも円形の張り出しを持つ最後期仕様となっている。

ノテックライト本体は取り外されている。

右側フェンダーの前部に予備転輪ホルダーを設置し、予備転輪を携行。

MG用防盾は部隊で作製したもので3重構造となっている。

左側フェンダーの最前部にも予備転輪を取り付けている。

機関室上面に標準タイプの荷物積載用フレームを装着。

最前部のシュルツェンがないので、車体側面のシュルツェンを固定するためのフレームが見える。

車長用キューポラ
1943年9月からキューポラ直前に跳弾ブロックの設置が始まる（1944年2月頃までに標準化）。123号車は図のような張り出しが少し小さなものを設置しているように見える。

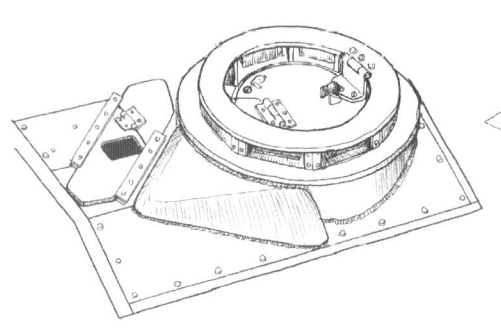

荷物積載用フレーム
1943年11月頃の後期生産車から生産段階で標準的に機関室上面に取り付けられるようになった。

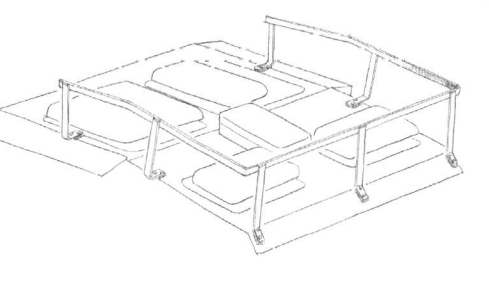

ハブキャップ付き起動輪
123号車は、右側はハブキャップのない起動輪（79ページの図参照）を使用しているが、左側はなぜかハブキャップ付きのものを取り付けている。

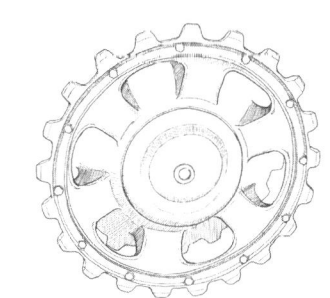

[図44]
Ⅲ号突撃砲G型 後期生産車 所属部隊不明
StuG.III Ausf.G Late-model Unit Unknown

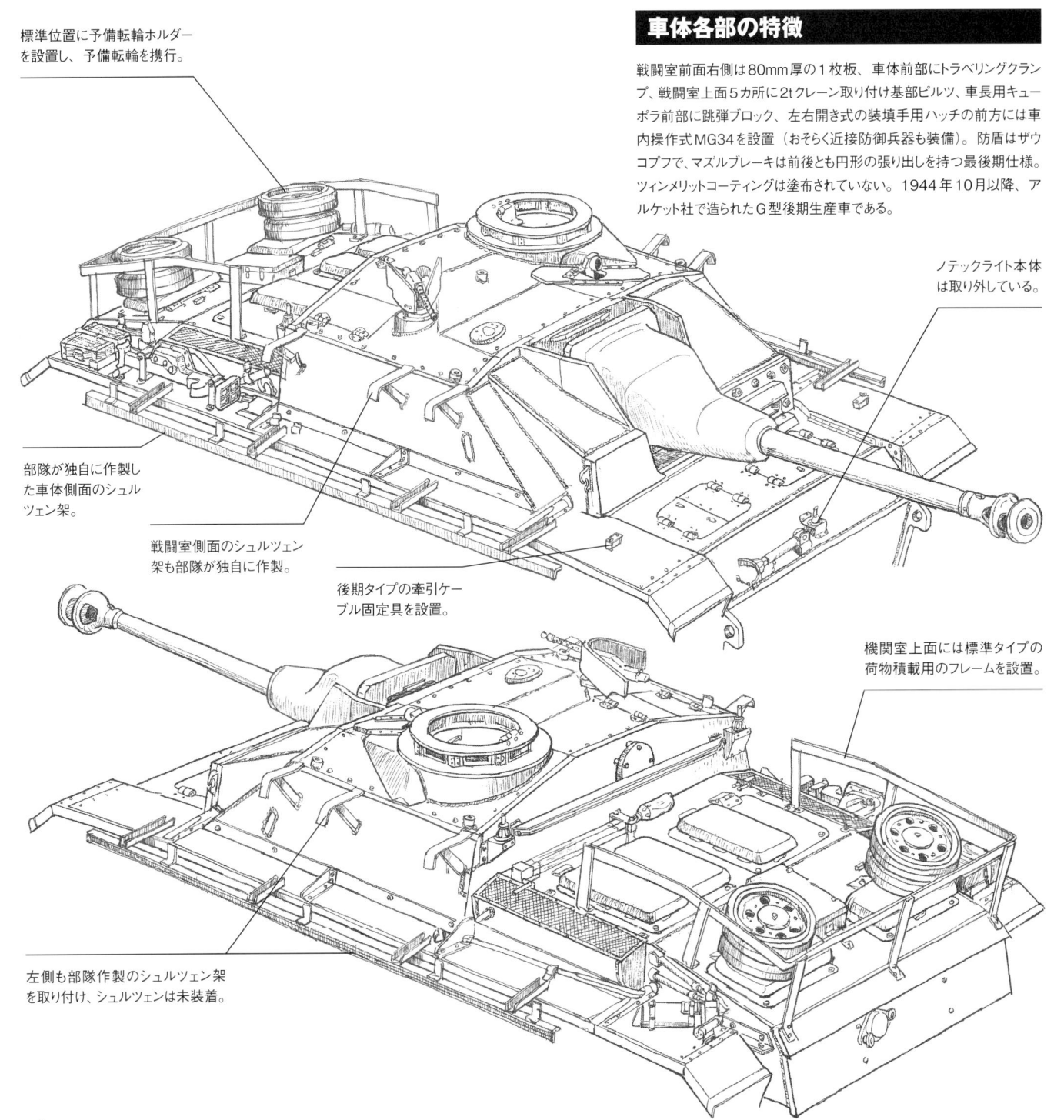

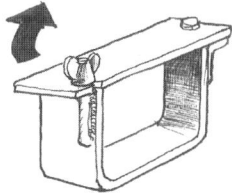

標準位置に予備転輪ホルダーを設置し、予備転輪を携行。

車体各部の特徴

戦闘室前面右側は80mm厚の1枚板、車体前部にトラベリングクランプ、戦闘室上面5カ所に2tクレーン取り付け基部ピルツ、車長用キューポラ前部に跳弾ブロック、左右開き式の装填手用ハッチの前方には車内操作式MG34を設置（おそらく近接防御兵器も装備）。防盾はザウコプフで、マズルブレーキは前後とも円形の張り出しを持つ最後期仕様。ツィンメリットコーティングは塗布されていない。1944年10月以降、アルケット社で造られたG型後期生産車である。

ノテックライト本体は取り外している。

部隊が独自に作製した車体側面のシュルツェン架。

戦闘室側面のシュルツェン架も部隊が独自に作製。

後期タイプの牽引ケーブル固定具を設置。

機関室上面には標準タイプの荷物積載用のフレームを設置。

左側も部隊作製のシュルツェン架を取り付け、シュルツェンは未装着。

後期タイプの牽引ケーブル固定具

左右のフェンダー前部に設置。上部の固定板を回して開閉する簡略化された造りとなっている。

後期タイプのフェンダーステイ

1943年5月頃のアルケット社製生産車から使用されるようになった簡略型のフェンダーステイ。

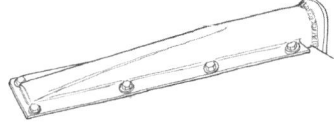

最後期生産車の車体後面

1944年11月頃から生産された車両は、車体後面下部に大型の牽引具（右図）が取り付けられており、排気ディフレクター中央部分の切り欠き（左図）も大きくなっている。

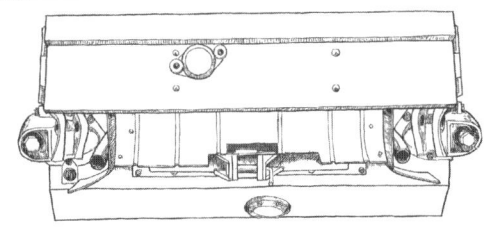

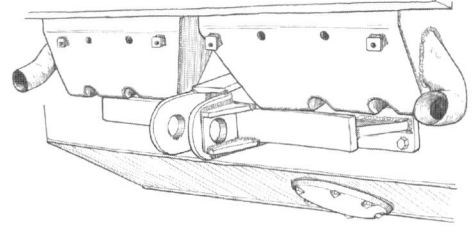

■定価：本体 2,300円（税別）
■A4判 96ページ

記録写真に残る各戦車を徹底的に図解！
ミリタリー ディテール イラストレーション

戦時中の記録写真に写った戦車各車両を多数のイラストを用いて詳しく解説。1/35（『Ⅳ号戦車G～J型』は1/30）スケールのカラー塗装＆マーキング・イラストと車体各部のディテール・イラストにより個々の車両の塗装とマーキングはもちろんのこと、その車両の細部仕様や改修箇所、追加装備類、パーツ破損やダメージの状態などが一目瞭然！ 戦車の図解資料としてのみならず、各模型メーカーから多数発売されている戦車模型のディテール工作や塗装作業のガイドブックとして活用できます。

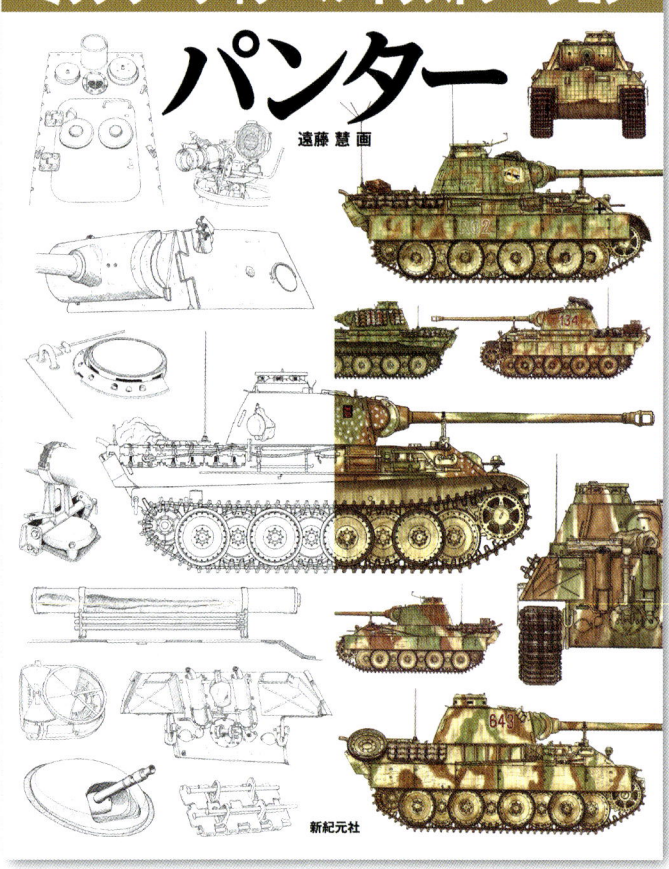

ミリタリー ディテール イラストレーション
パンター

パンターD型　第39戦車連隊第51戦車大隊121号車
パンターD型　GD装甲擲弾兵師団第51戦車大隊311号車
パンターD型　SS第2戦車連隊第1大隊435号車
パンターA型初期生産車　SS第5戦車連隊第2大隊613号車
パンターA指揮車型　SS第5戦車連隊本部R02号車
パンターA型　GD戦車連隊第1大隊231号車
パンターA指揮車型　SS第12戦車連隊
パンターA指揮車型　SS第1戦車連隊本部R02号車
パンターG型　第1装甲師団第4戦車連隊第1大隊415号車
パンターG指揮車型　HG降下戦車連隊本部R01号車
など計44両収録

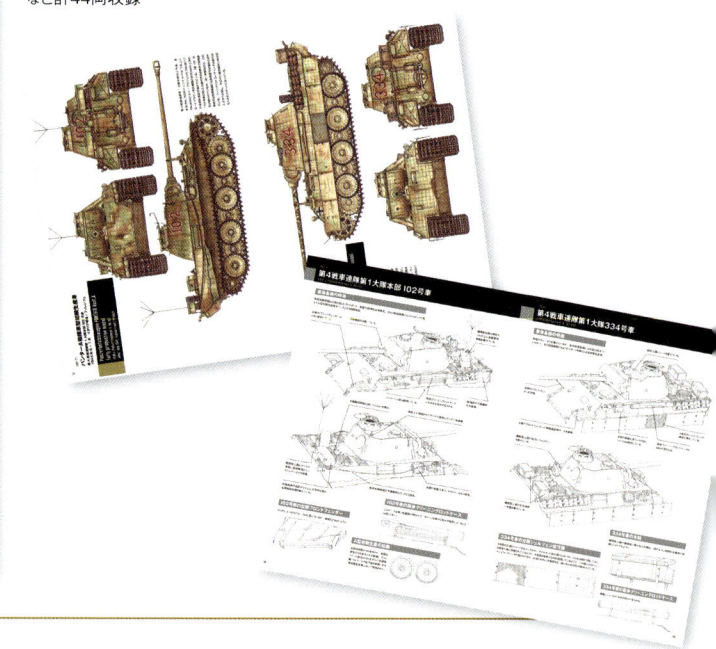

ミリタリー ディテール イラストレーション
ティーガーⅠ 初期型

弟501重戦車大隊112/121/141/231号車
第503重戦車大隊122/123/242/323号車
第505重戦車大隊100/114/221/233/321号車
第10装甲師団第7戦車連隊第3大隊732/823号車
SS第1戦車連隊S04/S44/S45/405/1311号車
SS第2戦車連隊S02/821/832号車
SS第3戦車連隊943号車
など計47両収録

ミリタリー ディテール イラストレーション
Ⅳ号戦車 G～J型

G型初期型　第21装甲師団第5戦車連隊412号車
G型中期型　第1装甲師団第1戦車連隊817号車
G型中期型　GD装甲擲弾兵戦車連隊524号車
G型中期型　SS第1装甲擲弾兵師団戦車連隊226号車
G型後期型　HG師団戦車連隊432号車
H型初期型　第26装甲師団第26戦車連隊834号車
H型中期型　装甲教導師団戦車連隊535号車
H型後期型　SS第2装甲師団戦車連隊631号車
J型後期型　第5装甲師団第31戦車連隊515号車
など計44両収録

株式会社 新紀元社　〒160-0022 東京都新宿区新宿1-9-2-3F　Tel 03-5312-4481　http://www.shinkigensha.co.jp/

ヴィットマン、カリウス、バルクマン……

ドイツ戦車エースたちの搭乗車両を多数収録!

■定価:本体 2,300円(税別)
■A4判 80ページ

ミリタリー カラーリング & マーキング コレクション
WWⅡドイツ装甲部隊のエース車両

　東西両戦線～イタリア、バルカン半島、北アフリカと広大な戦域で繰り広げられたヨーロッパでの戦車戦。ドイツ戦車兵たちはティーガー、パンター、Ⅲ号突撃砲などに乗り、激闘を繰り広げる。そして、多くの敵戦車を撃破した者には、特別に"エース"の称号が与えられた。

　本書は、ドイツ装甲部隊のエースたちが搭乗した数多くの車両=戦車、突撃砲、駆逐戦車、対戦車自走砲をカラーイラストで解説。ミヒャエル・ヴィットマン、オットー・カリウス、クルト・クニスペル、アルベルト・エルンスト、エルンスト・バルクマンなどの有名なエースたちの車両はもちろんのこと、砲身にキルマークを記した搭乗者名不明の車両も多数網羅!

エースたちや彼らの搭乗車両を捉えた、当時の記録写真も多数掲載!!

ティーガー、パンター、Ⅳ号、Ⅲ突、マーダーなどカラープロファイルは**108車両!!**

株式会社 新紀元社　〒160-0022 東京都新宿区新宿1-9-2-3F　Tel 03-5312-4481　http://www.shinkigensha.co.jp/

スケールモデルの製作ガイドブック決定版！
ミリタリーモデリングBOOKシリーズ

■定価：本体 2,800円（税別）　■A4変型判 112ページ

■ III号戦車 A〜H型

■ 各メーカーの1/35キットを製作
〈製作アイテム〉
III号戦車A型、B型、C型、D型、D型/B型砲塔搭載型、E型、F型、F型5cm砲搭載型、G型、H型後期型、指揮戦車H型、観測戦車H型、潜水戦車F型、潜水戦車H型、地雷除去戦車など17作品
■ III号戦車A〜H型 塗装＆マーキング
■ III号戦車F型 5cm砲搭載型 ディテール写真
■ III号戦車A〜H型 ディテール変遷イラスト
■ III号戦車A〜H型 1/35スケール4面図
■ III号戦車A〜H型 1/35キット＆ディテールアップパーツ・カタログ

■ III号戦車 J〜N型

■ 各メーカーの1/35キットを製作
〈製作アイテム〉
III号戦車J型極初期型、J型熱帯地仕様、L型初期型、L型熱帯地仕様、L型後期型、M型初期型、M型後期型、N型（L型車体）、N型（M型車体）、無線操縦用指揮戦車、42口径5cm砲搭載指揮戦車、指揮戦車K型、III号戦車（火炎型）、戦車回収車、対空戦車など17作品
■ III号戦車J〜N型 塗装＆マーキング
■ III号戦車J型/L型/N型 ディテール写真
■ III号戦車J〜N型 ディテール変遷イラスト
■ III号戦車J〜N型 1/35スケール4面図
■ III号戦車J〜N型 1/35キット＆ディテールアップパーツ・カタログ

IV号戦車 A〜F型

■ 各メーカーの1/35キットを製作
〈製作アイテム〉
IV号戦車A型、B型、C型、D型、D型フォアパンツァー、潜水戦車D型、D型5cm砲搭載型、D型7.5cm長砲身型、E型、E型フォアパンツァー、潜水戦車E型、F型など17作品
■ IV号戦車A〜F型 塗装＆マーキング
■ IV号戦車D型（改修型）/D型 43口径7.5cm砲 KwK40搭載型 ディテール写真
■ IV号戦車A〜F型 1/35スケール4面図
■ IV号戦車A〜F型 ディテール変遷イラスト
■ IV号戦車A〜F型 1/35キット＆ディテールアップパーツ・カタログ

IV号戦車 G〜J型

■ 各メーカーの1/35キットを製作
〈製作アイテム〉
IV号戦車F2型（G型初期型）、G型中期型、G型後期型、H型クルップ社試作型、H型後期型、H型極初期型、J型初期型、J型中期型、J型最後期型、J型観測戦車、流体変速機型、Rf,K 43無反動砲 搭載型、パンターF型砲塔搭 載型など17作品
■ IV号戦車G〜J型 塗装＆マーキング
■ IV号戦車G型/H型/J型/流体変速機搭載試作型 ディテール写真
■ IV号戦車G〜J型 ディテール変遷イラスト
■ IV号戦車G〜J型 1/35スケール4面図
■ IV号戦車G〜J型 1/35キット＆ディテールアップパーツ・カタログ

ドイツ軽対戦車自走砲

■ 各メーカーの1/35キットを製作
〈製作アイテム〉
I号対戦車自走砲、PaK36(r)搭載マーダーII、PaK40/2搭載マーダーII、PaK36(r)搭載マーダーII、StuK40搭載マーダーIII 試作型、マーダーIII H型、マーダーIII M型、PaK36搭載UE630(f)、PaK40搭載39H(f)対戦車自走砲、PaK40/1搭載マーダーI、ヴァッフェントレーガー、Sd.Kfz.251/22 D型など計21作品
■ 軽対戦車自走砲 塗装＆マーキング
■ マーダーII/III/IIIなど ディテール写真
■ マーダーII/III ディテール変遷イラスト
■ I号対戦車自走砲、マーダーII/III 1/35スケール4面図
■ 軽対戦車自走砲 1/35キット＆ディテールアップパーツ・カタログ

IV号自走砲

■ 各メーカーの1/35キットを製作
〈製作アイテム〉
10.5cm K18搭載IV号型装甲自走車台、ナースホルン、フンメル、10.5cm leFH18/1搭載IV号自走砲、ホイレッケ10、ロケットランチャー搭載試作車、メーベルヴァーゲン、ヴィルベルヴィント、オストヴィント、ツェルシュテーラー45、クーゲルブリッツなど18作品
■ IV号自走砲 塗装＆マーキング
■ フンメル、ナースホルンなど ディテール写真
■ ナースホルン、フンメル、ディテール変遷イラスト
■ IV号自走砲 1/35スケール4面図
■ IV号自走砲 1/35キット＆ディテールアップパーツ・カタログ

ドイツ計画重戦車

■ 各メーカーの1/35キットを製作
〈製作アイテム〉
ティーガーH2、ティーガーI 71口径長砲身型、ラムティーガー、VK4502(P)、ティーガーII 68口径 10.5cm砲型、ヤークトティーガー 66口径 長砲身型、VII号戦車レーヴェ、E75、E100、E100重駆逐戦車、E100対空戦車、マウス、マウスII、30.5cm自走榴弾砲ベア、17cm K72自走カノン砲グリレ17、21cm Msr18/1自走臼砲グリレ21など18作品
■ マウス 塗装＆マーキング
■ ティーガー重戦車/マウス/E75＆E100開発史
■ ドイツ計画重戦車 1/35キット＆ディテールアップパーツ・カタログ

第二次大戦ソ連重戦車

■ 各メーカーの1/35キットを製作。
〈製作アイテム〉
T-35、SMK、KV-1 1939年型、KV-1 1940年型、KV-1フィンランド軍仕様、KV-1 1941年型/鋳造砲塔、KV-1 1942年型/溶接砲塔、KV-1 1942年型/鋳造砲塔、KV-1ドイツ軍仕様、KV-1 1939年型、KV-2 1940年型、KV-2ドイツ軍仕様、KV-220、KV-220-2、KV-3、KV-5、KV-1S、KV-85、JS-1、JS-2 943年型、JS-2 1944年型、JS-3 計22作品収録
■ KV/JS重戦車 塗装＆マーキング
■ KV/JS重戦車 ディテール写真
■ KV/JS重戦車 変遷イラスト
■ ソ連重戦車 1/35キット＆ディテールアップパーツ・カタログ
■ KV-1/JS-2 1/35スケール4面図

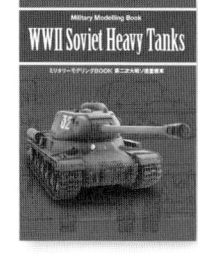

第二次大戦 日本陸軍中戦車

■ 各メーカーの1/35キットを製作
〈製作アイテム〉
八九式中戦車、九七式中戦車チハ、チハ増加装甲型、チハ後期車体、新砲塔チハ初期車体、新砲塔チハ後期車体、新砲塔チハ増加装甲型、指揮戦車シキ、一式中戦車チヘ、三式中戦車チヌ、チヌ/チト砲塔搭載型、四式中戦車チト、五式中戦車チリなど18作品
■ 日本陸軍中戦車 塗装＆マーキング
■ 八九式乙/九七式/三式中戦車 ディテール写真
■ 八九式/九七式/一式中戦車 ディテール変遷イラスト
■ 八九式/九七式/一式中戦車 1/35スケール4面図
■ 日本陸軍中戦車 1/35キット＆パーツ・カタログ

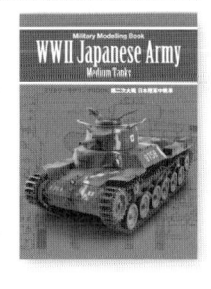

フォッケウルフFw190D/Ta152

■ 各メーカーの1/48、1/32、1/24キットを製作
〈製作アイテム〉
Fw100D 0、Fw100D 0後期型、Fw190D-11、Fw190D-12、Fw190D-13、Ta152H-1、Ta152C-0、Ta152C-1、Ta152C-1/R14など18作品
■ Fw190D-9/D-11/D-13、Ta152H-0/H-1 塗装とマーキング
■ Fw190D-13/Ta152H-0 実機写真
■ Fw190D/Ta152 各型式図面
■ Fw190D/Ta152 キット＆ディテールアップパーツ・カタログ

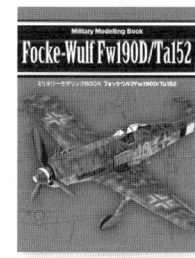

日本海軍艦艇 戦艦/巡洋戦艦

■ 各メーカーの1/700、1/350キットを製作
〈製作アイテム〉
戦艦 三笠、金剛、榛名、比叡、霧島、扶桑、山城、日向、加賀、紀伊、長門、陸奥、大和、武蔵、巡洋戦艦 天城、航空戦艦伊勢など18作品
■ 三笠 実艦ディテール写真
■ 博物館展示 大型精密模型ディテール写真
■ 各艦図面
■ 日本海軍戦艦/巡洋戦艦 キット＆ディテールアップパーツ・カタログ